UN GEÓLOGO EN APUROS

Nahúm Méndez

UN GEÓLOGO EN APUROS

Un viaje a través del tiempo y hacia lo más profundo de la Tierra

PAIDÓS

1.ª edición, mayo de 2019
1.ª edición actualizada, mayo de 2024
2.ª impresión, marzo de 2026

Paidós es un sello editorial de Editorial Planeta, S. A.
Avda. Diagonal, 662-664
08034 Barcelona, España
www.paidos.com
www.planetadelibros.com

Diseño de la cubierta: Planeta Arte & Diseño
© de las imágenes de la cubierta: OlgaChernyak, Sowicz, Akinorev, BlueRingMedia y Julia Waller / Shutterstock

ISBN 978-84-493-4245-5
Fotocomposición: Laura Rodríguez
Depósito legal: B. 5.018-2024

Impreso en España — *Printed in Spain*

PEFC Certificado
Este libro procede de bosques gestionados de forma sostenible
PEFC
PEFC/14-38-00305 www.pefc.es

SUMARIO

PRÓLOGO

Desde la publicación de este libro en 2019, la geología ha seguido evolucionando y dándonos nuevas sorpresas que nos están ayudando a comprender todavía mejor nuestro planeta. Los avances más recientes no solo han supuesto un desafío a lo que ya sabíamos, sino que también han aportado nuevas piezas a lo que sabemos sobre la evolución de nuestro planeta... y también del sistema solar.

Uno de los descubrimientos más destacables —y que más páginas acaparó en la prensa— fue la confirmación de que el núcleo interno de la Tierra, es decir, su capa más interna, no tiene las mismas propiedades en todas partes, sino que en su interior podría haber una subdivisión que indicaría la presencia de otro núcleo que podríamos llamar núcleo más interno. Su existencia ha podido ser constatada por el estudio de las ondas sísmicas producidas en los grandes terremotos que, en su recorrido al interior de nuestro planeta, varían sus propiedades —como la velocidad y la trayectoria que siguen— dependiendo de en qué estado y con qué materiales se encuentren.

Estas diferencias a veces son notables, como por ejemplo cuando pasamos de una capa en estado sólido a una en estado líquido, pero resultan muy sutiles cuando las propiedades son parecidas. Por suerte, hoy en día contamos con instrumentos muy sensibles que pueden captar estos pequeños cambios, y también con herramientas de computación que nos permiten hacer cálculos y modelos con un detalle mucho mayor al de hace tan solo unos pocos años.

Que tengamos otro núcleo puede parecernos verdaderamente trivial, pero apunta a un evento del pasado remoto que tuvo como consecuencia esta diferenciación del núcleo interno. ¿Qué pudo haber ocurrido? No lo sabemos, pero en el futuro quizá podamos descifrar su significado, como si fuese una piedra de Rosetta cuyo lenguaje todavía no sabemos traducir.

Pero esto no es lo único que hemos aprendido sobre el núcleo interno. Parece que tampoco es esa esfera de metal uniforme con la que explicamos la estructura interna de la Tierra y que, probablemente, no sea tan homogénea: se intuye que podríamos encontrar parches de diferentes estructuras minerales o incluso un relieve en su parte superior, donde linda con el manto terrestre.

Las mismas ondas sísmicas pero procedentes de terremotos marcianos nos han permitido conocer cómo es la corteza de Marte, cuyo espesor medio es mayor que el de nuestro planeta, y también detectar la existencia de terremotos de origen volcánico, lo que resulta muy exótico si tenemos en cuenta que las últimas erupciones que ha habido en la superficie marciana ocurrieron hace miles de años.

Este descubrimiento apunta a que Marte todavía tiene actividad interna y que quizá pueda volver a ocurrir alguna erupción en determinados lugares del planeta; un hecho muy interesante también desde el punto de vista de la astrobiología, ya que, si podemos encontrar zonas cálidas en el interior del planeta, también podrían darse condiciones más benignas, especialmente en aquellas zonas con hielo por debajo de la superficie, y que podrían transformarse en una fuente de agua.

Y hablando de erupciones volcánicas: un equipo de científicos parece haber encontrado la prueba definitiva de que en Venus todavía hay erupciones volcánicas. Cuando escribí este libro podíamos intuirlo por datos indirectos, como la emisión de infrarrojos de la superficie o la variación en los gases de la atmósfera, pero ahora lo hemos visto por primera vez. Eso sí, estamos trabajando con datos de la década de 1990, pero gracias a la tecnología actual podemos revisitarlos, analizarlos y reinterpretarlos como antes no podíamos.

Las erupciones volcánicas en nuestro planeta también han tenido su importancia: en 2021 vivimos la terrible erupción en la isla de La Palma, en el archipiélago canario. Una erupción que se califica de urbana por la proximidad de la fisura eruptiva a las zonas pobladas, y por la llegada de la lava a estas de una manera que, por desgracia, afectó muy duramente a los habitantes de la isla, muchos de los cuales todavía hoy no han podido recuperar su vida anterior. Que estas líneas sirvan de recuerdo.

Asimismo, pocos días después de acabar la erupción de La Palma, vivimos la espectacular erupción de Hunga Tonga, un volcán submarino situado en el Pacífico Sur. Fue tan violenta que lanzó gases (como vapor de agua) a una altura de 60 kilómetros, y provocó una perturbación atmosférica similar a la que producen las bombas al explotar, que dio varias vueltas al mundo, algo parecido a lo que ocurrió durante la erupción del Krakatoa de 1883. Más allá de lo anecdótico de una erupción de este tipo, los científicos comenzaron a preguntarse: ¿y si este tipo de erupciones son más comunes de lo que pensamos? Una nueva pregunta que se abre ante nosotros.

En definitiva, nuestro planeta está irremediablemente vivo, algo que favorece el mantenimiento de unas condiciones adecuadas para la vida: los ciclos geológicos actúan regulando el clima, añadiendo y capturando gases de la atmósfera, y reciclando los elementos que son fundamentales para la vida. Toda esta actividad, no obstante, en ocasiones puede ser perjudicial para nosotros, ya que somos vulnerables a sus riesgos, y mitigarlos y protegernos es otra de las tareas en las que tenemos que seguir avanzando.

Pero está vivo en más sentidos. En el libro hablaremos del supercontinente Pangea, pero que haya sido el primero en absoluto significa que pueda ser el último. Los estudios más recientes indican que la mayor parte de las masas continentales volverán a juntarse dentro de unos doscientos o trescientos millones de años, formando un supercontinente llamado Amasia que acabará con el cierre del océano Pacífico. Como ves, en nuestro planeta nada es permanente y gracias a las nuevas simulaciones por ordenador, cada vez más complejas y precisas, podemos intuir hacia dónde vamos: un mundo en el que las fronteras actuales habrán dejado de existir por completo.

Y mientras el planeta cambia, el debate sobre el Antropoceno continúa. Desde la primera edición del libro hasta hoy los científicos siguen debatiendo si será una nueva división del tiempo geológico o si se quedará en un concepto meramente humano con el que intentar concienciar sobre nuestro efecto en el planeta.

Se han propuesto nuevos marcadores, como, por ejemplo, la aparición de isótopos radiactivos ligados a las pruebas nucleares y que probablemente estén diseminados de una manera global, o la aparición de rocas con plástico, como los plastiglomerados, que de ninguna manera pueden tener un origen natural. Lo que sí tenemos claro es que los plásticos están ya en todas partes, incluso en las islas más remotas o formando parte de los arrecifes de coral...

El acelerado ritmo al que se está fundiendo el hielo de los polos a causa del calentamiento global y la sobreexplotación de los acuíferos para el uso humano de las aguas han provocado que incluso el eje de rotación de nuestro planeta se haya movido de su sitio. Lo cierto es que ya lo hace de manera continua debido a distintos factores, como el movimiento de la masa del interior de nuestro planeta, la tectónica de placas o los terremotos. Pero ahora el ser humano también participa de estas variaciones y puede afectar al clima de la Tierra, por lo que debemos tenerlo en cuenta para los modelos climáticos.

Por otro lado, en los últimos años, y gracias a la cantidad de datos nuevos sobre fósiles y paleogeografía, hemos empezado a vislumbrar el trazado de los ríos, los cambios en las cuencas oceánicas, cómo varían los flujos de sedimentos o el intercambio de nutrientes entre distintas partes de nuestro planeta, o lo que es lo mismo: la evolución del paisaje a escala geológica. Esto demuestra que, en términos temporales, la biodiversidad y la evolución se mueven a un ritmo parecido al de la tectónica de placas, y que la vida y la geología de nuestro planeta están totalmente entrelazadas. En algunos casos incluso el movimiento de los nutrientes, más que su evolución, podría haber forzado la extinción de la biodiversidad. Y es que nuevos estudios apuntan a que la aparición de las raíces de las plantas durante el Devónico (hace unos trescientos millones de años) podría haber causado un exceso de los nutrientes de la tierra en los océanos, lo que habría provocado un verdadero florecimiento de algas y hecho descender los niveles de oxígeno, con cierto efecto en la gran extinción que se produjo en este período.

También hemos podido comprobar que realmente somos capaces de desviar un asteroide, como leerás en el capítulo del futuro de la Tierra, gracias a los resultados de la misión DART, cuyo objetivo era impactar contra el pequeño asteroide Dimorphos para reducir su período orbital, es decir, el tiempo que tarda en dar una vuelta alrededor de Dídimo, el asteroide del cual es satélite. Ojalá nunca tengamos que usarlo, pero, si nos enfrentásemos a una posible colisión contra un cometa o asteroide cuyas dimensiones pudiesen suponer un riesgo, esta podría ser nuestra salvación.

Las tierras raras, esos elementos que, aunque ya empezábamos a conocerlos hace un par de siglos, han comenzado a formar parte de nuestro vocabulario de una manera tan abrupta en los últimos años, están demostrando ser un recurso indispensable para la transición ecológica, ya que de ellas dependen los motores de los vehículos eléctricos, las turbinas de los aerogeneradores o incluso la capacidad de crear una iluminación más eficiente. Son un recurso geológico como otro cualquiera, solo que sus usos cambian con el tiempo y, en ocasiones, se vuelven algo estratégico.

Y, precisamente al albur de estas revoluciones tecnológicas, la minería, ligada a la geología también de una manera indisoluble, está ampliándose y quizá en el futuro podamos extraer parte de estos recursos de los vertederos de las ciudades, o lo que es lo mismo, de la minería urbana, en vez del interior de nuestro planeta.

Es decir que incluso la geología, que muchas veces parece algo casi estático, cambia de manera frenética gracias a los nuevos datos, a las nuevas tecnologías y a las nuevas maneras de hacer ciencia, ya que cosas que antes dábamos por sabidas puede que no fuesen tal y como creíamos. Esto nos permite seguir aproximándonos a nuestro planeta y conocer sus entresijos, lo que significa que el camino no acaba con estas líneas, que aún queda por recorrer. ¿Quién sabe de qué descubrimientos estaremos hablando dentro de cinco, diez o veinte años? Lo que tengo claro es que la geología seguirá siendo una piedra angular para enfrentarnos a nuestro futuro: desde la escasez de recursos naturales al calentamiento global, pasando por el origen de la vida, es posible que muchas de las respuestas que buscamos se encuentren escritas en las rocas.

INTRODUCCIÓN

Estoy completamente seguro de que en alguna ocasión, en algún momento de vuestra vida, todos os habéis planteado las que probablemente sean las tres cuestiones fundamentales de la vida:

¿Quiénes somos?
¿De dónde venimos?
¿Adónde vamos?

Espero que los filósofos perdonen nuestro atrevimiento, y es que, con la ayuda de la geología, vamos a intentar responder a estas preguntas sobre nuestros orígenes y nuestro futuro a través de un viaje por la historia de nuestro planeta y la del sistema solar.

Sabemos que no va a ser una tarea fácil, ya que la superficie de la Tierra se renueva constantemente, y en este *lifting* de escala planetaria se destruyen páginas muy valiosas de nuestra historia. Además, cuanto más atrás en el tiempo intentemos remontarnos, más nos costará encontrar pistas sobre nuestro pasado. Por ello, nos haremos eco de las últimas investigaciones y de cómo las tecnologías más vanguardistas nos ayudan a reconstruir esos momentos que creemos perdidos para siempre, e incluso veremos cómo estudiando otros planetas distintos al nuestro seremos capaces de encontrar respuestas a muchos de nuestros interrogantes. A lo largo de este libro pondremos un énfasis especial en explicar los eventos más importantes que han ocurrido en nuestro planeta y que han marcado el devenir de la Tierra, e intentaremos describir y comprender los procesos que han desempeñado un papel importante en su evolución.

Y es que, aunque nos cueste creerlo, la geología ha tenido un papel más que fundamental para que hoy estemos aquí: no solo ha dado forma a nuestro planeta, sino que, junto con otros factores, ha posibilitado la aparición y la evolución de la vida (aunque, bueno, siendo realistas, en muchas otras la haya puesto al borde de la extinción). Es cierto que muchas veces las dilatadísimas escalas temporales a las que atiende la geología nos hacen pensar que la Tierra es un planeta inerte y con una dinámica muy lenta y gradual, pero no es así en absoluto. Pensemos por un momento en los desastres naturales: sufrimos erupciones volcánicas, terremotos e incluso deslizamientos, fenómenos que en tan solo unos segundos pueden tener consecuencias devastadoras, y es justamente la geología la ciencia que nos permite estudiarlos con gran detalle para predecirlos y ser menos vulnerables.

De hecho, hoy, más que nunca, la geología tiene una importancia vital y trascendente en nuestras vidas: vamos al trabajo en coches que necesitan petróleo para funcionar, muchos de los componentes de nuestros teléfonos móviles están formados por elementos poco abundantes que extraemos de los minerales, buscamos lugares donde poder almacenar el dióxido de carbono de la atmósfera para luchar contra el cambio climático e intentamos descifrar los factores que han alterado el clima de nuestro planeta a lo largo de su historia gracias al registro fósil y rocoso.

Estoy totalmente seguro de que después de leer este libro,

cada vez que salgáis de viaje y observéis el paisaje, cada vez que miréis las rocas que encontréis por el camino o simplemente hagáis una barbacoa con carbón, disfrutéis de las cosas de una manera muy diferente, con una dimensión y una profundidad que solo podréis alcanzar a través de la geología.

CAPÍTULO 1

LA FORMACIÓN DEL SISTEMA SOLAR

Empezar a contar la historia de la Tierra sin explicar de dónde venimos siempre me ha parecido una idea bastante arriesgada. De hecho, es muy difícil comprender la historia de nuestro planeta y su funcionamiento sin hablar de su origen.

En algún momento tendremos que remontarnos al principio de todo para poder explicar y entender algunas cuestiones fundamentales: las estrellas, nuestro planeta e incluso nosotros mismos estamos formados por los mismos elementos químicos, y la abundancia de unos elementos frente a otros definirá qué tipo de planeta somos.

Parece una cuestión sin importancia porque, al fin y al cabo, todo lo que vemos en el universo está compuesto de la misma materia. Sin embargo, a lo largo de este capítulo veremos que los distintos elementos que forman nuestro planeta están en la justa medida para que hayamos llegado hasta aquí. Algo así como una receta de cocina, en la que variar la proporción de ingredientes modificará el sabor del plato.

INGREDIENTES PARA UNA COCINA CÓSMICA

Es muy probable que si la composición química de nuestro planeta fuera diferente, este también sería muy diferente. Solo hay que fijarse en la geología de planetas tan cercanos como Venus o Marte, que no se parece tanto a la nuestra. La geología es lo que ha condicionado algo tan importante para nosotros como el origen de la vida.

Los elementos no son más que átomos de diferentes tipos, entendiendo como átomo la parte más pequeña en la que podemos dividir la materia sin que pierda su identidad como elemento. Si pudiésemos cortar, por ejemplo, un átomo de hierro en dos partes iguales, acabaríamos teniendo partes del átomo para formar dos átomos de aluminio. Bueno, por si acaso, un consejo: nunca intentéis dividir un átomo en casa, ya que cuando estos se dividen generan una gran cantidad de energía. Es el mecanismo que alimenta las bombas atómicas.

Algunos de los elementos son más abundantes que otros. Unos pocos se desintegran en periodos regulares, lo cual da como resultado la formación de otros elementos, un fenómeno que aprovechamos como una suerte de reloj para poder determinar las edades de las rocas y los fósiles. E incluso hay versiones de un mismo elemento cuyas proporciones nos ayudan a calcular valores tan importantes como la variación de temperatura en nuestro planeta e incluso el origen del agua.

Los elementos no cambian ni se transforman durante las reacciones químicas. Para crear nuevos elementos o transformar los actuales necesitaríamos reacciones nucleares (como las que ocurren en la explosión de las armas atómicas), que son extremadamente energéticas.

En el universo hemos podido observar 94 elementos diferentes, aunque lo cierto es que conocemos 118. Los 24 elementos restantes los hemos sintetizado en el laboratorio, ya que no hemos encontrado dónde aparecen de manera natural (si es que lo hacen), muchas veces debido a su corta vida antes de desintegrarse y formar otros elementos.

Los átomos están formados por tres tipos de partículas: el

protón y el neutrón, que forman el núcleo del átomo, y los electrones, que se mueven alrededor del núcleo. Pero lo que realmente define la identidad del elemento es el número de protones del núcleo, o número atómico. De hecho, todos los átomos de un mismo elemento tendrán siempre el mismo número atómico; es como el número del carnet de identidad de un elemento. Sin embargo, en un mismo elemento puede variar el número de electrones y neutrones del átomo, sin que por ello deje de ser ese elemento. Si un átomo tiene más o menos electrones que protones, diremos que estamos ante un ion positivo o negativo, respectivamente. Si tienen el mismo número de electrones que de protones decimos que estamos ante un átomo neutro, y en la naturaleza podemos encontrar estos tres casos.

Pero a nosotros nos resultarán mucho más útiles los isótopos, un tipo de átomos que se diferencian en que, en un mismo elemento, el número de neutrones del núcleo puede variar con respecto al de protones. En la naturaleza hay elementos con un solo isótopo o con varios isótopos, e incluso elementos cuyos isótopos se han creado artificialmente en el laboratorio. Digamos que esta diferencia los hace más pesados o más ligeros, dependiendo de si tienen neutrones de más o de menos.

Dentro de los isótopos distinguimos dos categorías: estables y radiactivos (inestables). Los isótopos estables son aquellos que no se desintegran ni se transforman en otros elementos. Son muy útiles porque al estudiar sus proporciones, podemos averiguar importantes factores ambientales como la temperatura media de la Tierra o el origen de las rocas y del agua en nuestro planeta. Por su parte, los isótopos radiactivos sí se transforman en otros elementos a cambio de emitir radiación, al ser inestables, aunque no todos lo son por igual. De hecho, gracias a que conocemos el periodo de semidesintegración de los isótopos inestables (el tiempo que tarda una cantidad de ese isótopo en concreto en reducirse a la mitad de la cantidad inicial), podemos usarlos para datar de una manera muy precisa determinados eventos, como la edad de algunos tipos de roca. Hablaremos de ello con mayor detalle al final del capítulo.

EL ORIGEN DE TODO

¿Y cómo se formaron los elementos? Para responder a esta pregunta nos tenemos que remontar precisamente al origen del universo. Aproximadamente tres minutos después de que ocurriese el big bang con el que nació nuestro universo, hace unos trece mil ochocientos millones de años, comenzaron a formarse los primeros elementos en un fenómeno conocido como nucleosíntesis, que consiste en la creación de átomos a partir de protones y neutrones.

Seguro que muchas veces habréis oído la expresión: «Los polos opuestos se atraen». Probablemente lo habréis experimentado más de una vez, por ejemplo acercando dos imanes por el lado contrario; pues bien, ocurre de una manera muy parecida en la formación de los elementos. (En cambio, si intentáis juntar dos imanes por el mismo lado, o el mismo polo, veréis que se repelen, y nos cuesta mucho acercarlos.)

Paradójicamente, el núcleo de los elementos está formado por protones y neutrones. Para conseguir que los protones, las partículas de carga positiva que forman el núcleo de los átomos, se acerquen lo suficiente como para quedarse juntos, se necesitan gigantescas cantidades de energía, y por eso solo se forman los elementos en lugares y momentos muy concretos del universo. Y mejor que sea así, porque al formarse, puede liberarse una gran cantidad de energía, como ocurre por ejemplo en el caso de nuestro Sol, cuya energía se genera principalmente por la fusión de núcleos de hidrógeno.

En esa primera nucleosíntesis solo se formaron isótopos de hidrógeno (el más ligero de los elementos, cuya abundancia es del 74%), helio (24%) y, en mucha menor proporción, litio y berilio. Hasta ese momento, el universo era un lugar muy diferente al que conocemos hoy día: no había estrellas, ni galaxias, ni luz; solo gas y oscuridad. Los demás elementos comenzaron a formarse mucho tiempo después, forjados ya en el interior de las estrellas.

Las últimas investigaciones sugieren que las primeras estrellas no comenzaron a formarse hasta ciento ochenta millones de años después del big bang. Hasta ese momento, el universo era un lugar oscuro donde pequeñas variaciones en la densidad (es decir, en zonas donde había más materia que en otras) podían generar estructuras cada vez más grandes, como las estrellas, ya que cuanto más crecían estas estructuras, más capacidad tenían de atraer materia por efecto de la gravedad.

Algunas de esas primeras estrellas, como las actuales, formaron planetas a su alrededor. Sin embargo, en esos momentos, los sistemas planetarios estarían totalmente dominados por gigantes gaseosos (como Júpiter y Saturno), ya que solo tenían disponible el hidrógeno y el helio, y todavía no existían los elementos necesarios en el universo para que se formasen planetas como la Tierra.

El planeta más antiguo conocido hasta el momento se encuentra a unos doce mil cuatrocientos años luz, en el cúmulo globular M4, y tiene una masa aproximada de dos veces y media la de Júpiter. Tiene una edad estimada de doce mil setecientos millones de años, apenas unos mil millones de años menos que el universo.

Como decíamos antes, son las estrellas las que precisamente forman el resto de los elementos que conocemos como resultado de su ciclo vital a lo largo del tiempo. En su interior, las presiones y las temperaturas extremas permiten que ocurran reacciones de fusión nuclear, que, a su vez, dan lugar a la creación de elementos cada vez más pesados.

En las últimas etapas de la vida estelar, las estrellas con una masa similar a la de nuestro Sol entran en la denominada «fase de la gigante roja», en la que las partes más externas de la estrella comienzan a crecer hacia fuera, separándose de la propia estrella y sembrando el medio interestelar de una parte de los elementos que ha formado en su interior; con ello deja tras de sí una bonita nebulosa. Incluso hoy sabemos que algunos planetas que existen alrededor de estas estrellas han crecido a base de recoger parte de la materia expulsada por estas estrellas. Es probable que los planetas más cercanos acaben cayendo hacia la estrella cuando esta comience a expandirse, aunque hablaremos de ello cuando tratemos el final de la Tierra.

También puede ocurrir que la estrella sea mucho más grande y masiva que nuestro Sol y que una de sus últimas etapas evolutivas sea la de supernova. Estas estrellas acaban su vida de una manera espectacular, provocando una gigantesca «explosión» que expulsa a gran velocidad las capas externas de la estrella; además, siembran el espacio de los elementos formados en su interior.

Durante la fase de la gigante roja también se forman nuevos elementos, especialmente los más pesados, ya que para su formación se necesita una gran cantidad de energía que solo es capaz de provocar explosiones como estas. Hasta que estas primeras estrellas no comenzaron a llenar el universo de elementos más pesados, como el oxígeno, el silicio, el hierro o el aluminio, los planetas como el nuestro no tenían manera alguna de reunir los elementos que los conforman.

Los primeros planetas de tipo terrestre de los que tenemos constancia en nuestra galaxia aparecieron hace unos once mil doscientos millones de años, algo más del doble de la edad de la Tierra, y mil millones de años más tarde que el planeta gaseoso más antiguo que se conoce. Este planeta se encuentra a tan solo ciento diecisiete años luz de la Tierra y orbita alrededor de la estrella que conocemos como Kepler 444.

Pero dejemos ya las lejanías del espacio para centrarnos un poco en nosotros. El Sol, los planetas y los demás cuerpos que orbitan alrededor del Sol se encuentran en una galaxia que conocemos como la Vía Láctea. Su nombre procede del color blanquecino que vemos por la noche desde lugares oscuros y que está producido por el gran número de estrellas que se encuentran en el plano de la galaxia sobre el que se mueven la mayoría de cuerpos estelares.

Las galaxias no son más que agrupaciones de estrellas, gas y polvo interestelar que se encuentran unidas por efecto de la gravedad. La nuestra tiene cientos de miles de millones de estrellas, y si la recorriéramos de lado a lado a la velocidad de la luz, que es la más alta que conocemos (aproximadamente trescientos mil kilómetros por segundo), tardaríamos en cruzarla alrededor de ciento cincuenta mil años. A la velocidad más alta a la que hemos lanzado una misión al espacio tardaríamos en recorrer la galaxia unos tres mil millones de años.

Pero a lo que vamos. Las galaxias no siempre son iguales. Hay estrellas que nacen, mueren, son expulsadas... e incluso caen en agujeros negros. Las estrellas como nuestro Sol nacen en lo que llamamos «nubes moleculares», unas zonas del espacio en las que podemos encontrar acumulaciones de diferentes gases y polvo en mayor cantidad que en el resto de espacio de la galaxia. Estas nubes son lugares tremendamente fríos, ya que el polvo suele servir como aislante y no permite que entre en ellas la radiación ni la luz. Suelen tener unas dimensiones monstruosas y materia suficiente como para formar decenas de miles, e incluso millones de estrellas de la masa de nuestro Sol. En nuestra galaxia, aproximadamente cada año se forma una estrella con una masa parecida a la de nuestro Sol.

Dentro de estas nubes hay zonas de mayor densidad (es decir, zonas más «espesas»), y ahí es donde comenzará la formación de las estrellas, como si se plantara allí una especie de semilla a partir de la cual crecerá la estrella. Algunos autores sugieren que hay eventos cósmicos, como la explosión de una supernova cercana, que pueden provocar variaciones en la densidad de estas nubes, como si fuesen capaces de agitar y mover las partículas de gas y polvo, y fomentaran así la formación de nuevas estrellas.

Poco a poco, estas semillas de la formación estelar van atrapando partículas y aumentando su masa, y por efecto de la gravedad, van comprimiendo el gas. Lentamente comienzan a girar sobre sí mismas, como si de un gigantesco remolino se tratase. Llega un momento en el que en el centro de estas semillas se alcanzan temperaturas de alrededor de un millón de grados a causa de la presión, lo cual desencadena reacciones nucleares que serán la chispa que provoque el nacimiento de la estrella.

Con el tiempo, la estrella sigue ganando masa por efecto de la gravedad, atrayendo partículas de zonas más lejanas. Estas partículas pueden quedarse girando en torno a la joven estrella, formando un disco de gas y polvo que posteriormente puede dar lugar a un sistema planetario como el nuestro.

Aunque tengamos la concepción de que las estrellas se forman solas o aisladas, lo cierto es que en las nubes moleculares pueden formarse muchas estrellas juntas. De hecho, es un fenómeno habitual en nuestro vecindario galáctico, como hemos podido observar en nebulosas como la de Orión, o la del Águila, entre muchas otras, donde encontramos verdaderas guarderías estelares. Lo que ocurre es que, con el tiempo, las estrellas se van alejando entre sí. De hecho, en la actualidad, desconocemos cuáles son las estrellas que pudieron formarse junto a nuestro Sol, ya que resulta muy difícil trazar con precisión los movimientos estelares hacia atrás en el tiempo a causa de las perturbaciones que puede sufrir su trayectoria por la acción de otras estrellas u objetos; esto convierte a quienes desempeñan esta labor en verdaderos detectives cósmicos.

El disco de gas y polvo que se quedó girando alrededor de nuestro Sol fue el precursor de la formación de los planetas del sistema solar; es la llamada «nebulosa protoplanetaria». Probablemente era muy simétrica, con una forma de disco muy marcada, al igual que otros sistemas planetarios que hemos podido observar recientemente. La parte más delgada de la nebulosa estaba cerca del Sol, mientras que se iría haciendo más gruesa conforme se iba distanciando. El disco siguió creciendo durante un tiempo gracias a que la nube de gas molecular iba añadiéndole más material.

En las zonas más cercanas al Sol, los únicos granos de material que podían condensarse en estado sólido eran aquellos cuyos elementos tenían un punto de fusión muy alto, ya que las temperaturas eran muy altas, como es normal cerca del Sol. Estos materiales eran los elementos metálicos y los materiales rocosos, que solo llegaban a formar un 1% de los materiales de la nebulosa. La mayoría de estos granos medía una micra, es decir, un tamaño similar a la anchura de nuestros glóbulos rojos.

Más lejos, los elementos más volátiles como el dióxido de carbono, el agua o el amoniaco comenzaban a condensarse y a convertirse en granos de hielo más allá de lo que conocemos como la «línea de hielo» del sistema solar, que no es más que la distancia desde el Sol a partir de la que esos compuestos se condensan y forman hielo; en cambio, si se encuentran por debajo de esa distancia, esos compuestos están en estado gaseoso. Esta línea de hielo no ha sido constante, y se encontraba mucho más cerca del Sol al comienzo que ahora, ya que, desde sus orígenes, el brillo del Sol ha aumentado en aproximadamente un 25%.

Este hecho tiene una importancia fundamental en la formación de los planetas gigantes gaseosos. El motivo es que la congelación de estos volátiles hacía que hubiera muchos más granos disponibles, para que los planetas pudiesen crecer, en el exterior de la «línea de hielo» que en su interior, donde se estaban formando los planetas rocosos. Poco a poco, los granos de distintos materiales fueron colisionando y adhiriéndose entre sí, creando cuerpos cada vez más grandes que iban atrayendo hacia sí más materia y provocando nuevas colisiones entre sí.

Quedan todavía muchos interrogantes acerca de cómo se pasó de estas pequeñas partículas a la formación de cuerpos cada vez más grandes. No tenemos muy claro si hubo varias etapas en que los cuerpos se fueron acumulando en zonas muy concretas de la nebulosa, o si, al igual que en el caso de las estrellas, pequeñas irregularidades en la densidad de la nebulosa dieron lugar a cuerpos de cierto tamaño que serían los embriones de los planetas y que chocaron más tarde entre sí para formar cuerpos de mayor tamaño. Mientras, la presencia de gas y polvo en las zonas más interiores del sistema solar hacía que estos cuerpos cada vez más grandes fueran perdiendo velocidad por el rozamiento (como cuando nosotros corremos con los brazos extendidos o contra el viento) y cayeran hacia el Sol, hasta alcanzar sus posiciones actuales.

En las zonas más exteriores, los gigantes gaseosos iban acumulando materia con mucha facilidad por la presencia de un mayor número de partículas. Además, debido a su tamaño, también eran capaces de capturar incluso los gases más ligeros, como el hidrógeno y el helio, y retenerlos (nuestro planeta

ha perdido una gran parte del helio a lo largo de su historia). Gracias a esta gran cantidad de material disponible, los gigantes gaseosos tienen aproximadamente el 99% de la masa de todos los cuerpos del sistema solar (excluyendo el Sol).

Los modelos indican que es muy probable que el sistema solar tardase unos cien millones de años en formarse. En cambio, las nebulosas protoplanetarias tienen una vida muy breve, de tan solo varios millones de años, y rara vez llegan a superar los diez. Eso no quiere decir en absoluto que los planetas se formen en tan poco tiempo, sino que la mayor parte del polvo queda convertido en cuerpos de mayor tamaño en unos millones de años, si bien el proceso de formación planetaria es mucho más largo.

El proceso dominante durante la mayor parte de la formación del sistema solar fue la colisión entre los distintos cuerpos ya formados. Poco a poco, el número de colisiones fue descendiendo conforme quedaban menos cuerpos dispersos en órbitas cercanas a los actuales planetas, aunque hubo un momento especialmente crítico en esta fase del que hablaremos ahora.

Durante este periodo de formación planetario no solo se crearon los planetas, sino que a su alrededor también pudieron existir discos de gas y polvo secundarios a partir de los que se formaron la mayor parte de sus satélites naturales. Esto fue especialmente notable en el caso de los gigantes gaseosos, cuya mayor gravedad les sirvió para hacerse también con más materia que más tarde se convertiría en el elevado número de satélites con que cuentan, algunos de un tamaño bastante grande.

Pero no todos los satélites se formaron así. Es probable que algunos se formaran posteriormente a partir de colisiones entre los propios satélites. Incluso sospechamos que algunos pueden ser cuerpos formados en otras partes del sistema solar que, al pasar por las inmediaciones de estos gigantes, quedaban atrapados por su gravedad y ligados para siempre a estos.

LAS SOBRAS DE LA FORMACIÓN PLANETARIA

Aunque nos creamos a salvo de las colisiones (que se lo digan a los dinosaurios), todavía quedan muchos cuerpos que no llegaron a formar ningún planeta tras la formación del sistema solar, especialmente en lo que conocemos como el cinturón de asteroides, el cinturón de Kuiper y la nube de Oort. El más cercano a nosotros es el cinturón de asteroides, una zona entre las órbitas de Marte y Júpiter en la que existen millones de asteroides; estos últimos son cuerpos de formas irregulares, en algunos casos de un tamaño considerable, y son principalmente rocosos, aunque los hay metálicos y con gran contenido en carbono, y volátiles como el agua o el amoniaco.

El cuerpo más grande del cinturón de asteroides es Ceres, con un diámetro de casi mil kilómetros. Actualmente se encuentra en la categoría de planeta enano, aunque tras su descubrimiento fue catalogado como un planeta y, posteriormente, como un asteroide. Por decirlo de alguna manera, el cinturón de asteroides es la frontera que divide los gigantes gaseosos de los cuatro planetas rocosos del sistema solar interior (Mercurio, Venus, Tierra y Marte).

¿Y cómo se formó este cinturón? Hay varias teorías. La primera y más aceptada afirma que la influencia de Júpiter evitó que estos cuerpos que se encontraban en ese cinturón acabasen colisionando a velocidades lo suficientemente lentas como para crecer y formar un cuerpo de mayor tamaño.

Pero nuestro cinturón de asteroides no es el único que existe, y este tipo de cinturones podrían ser relativamente comunes en otros sistemas planetarios. Uno de los cinturones de asteroides más cercanos que conocemos es el que existe en el sistema de la estrella Vega, a unos veinticinco años luz de nuestro planeta.

Una teoría más reciente dice que si observamos la composición del cinturón de asteroides de dentro afuera, veremos que los asteroides que están más cerca del Sol son principalmente rocosos, mientras que los más alejados son de tipo carbonáceo, más ricos en compuestos volátiles. Esto parece indicar que, en realidad, el cinturón de asteroides está formado por cuerpos que fueron expulsados de sus órbitas por la influencia gravitatoria de los planetas. Los más rocosos provendrían del sistema solar interior y, por lo tanto, estarían más cerca del Sol, mientras que los carbonáceos provendrían de la zona de formación de los gigantes gaseosos, donde se condensaban los elementos más volátiles; esto explicaría esta gradación en su composición.

Hoy día, los cuerpos del cinturón de asteroides siguen colisionando entre sí, y en ocasiones dejan grandes estelas de polvo. Fruto de estas colisiones, a veces algunos fragmentos ven su órbita alterada y llegan a nuestro planeta en forma de meteoritos, lo cual nos permite estudiarlos. Cada año hay numerosas misiones científicas que viajan al desierto del Sahara y a la Antártida para recuperar meteoritos, ya que en estos lugares es mucho más fácil encontrarlos porque su color oscuro destaca sobre el tono claro de la arena del desierto, o del hielo y la nieve.

A veces tenemos suerte y podemos ver la entrada de un meteoro a través de la atmósfera y tratar de deducir dónde ha caído, gracias a las redes de cámaras que hay instaladas por todo el mundo. Además, esto nos ayuda a saber de qué órbita procede, con lo que podemos intentar determinar la familia de la que formaba parte el meteorito con mayor precisión.

Los cuerpos del cinturón de asteroides no son peligrosos para la vida en la Tierra (de momento). Salvo grandes perturbaciones, tienen órbitas que suelen permanecer estables a lo largo de millones de años. En cambio, hay otras poblaciones de asteroides, como los asteroides cercanos a la Tierra (NEA, por sus siglas en inglés), que sí pueden acercarse a nuestro planeta y ser una fuente de peligro en el futuro. Por ello es muy importante conocer sus trayectorias y detectar si su paso por las inmediaciones de nuestro planeta puede incluso provocar un mayor riesgo, ya que la gravedad de nuestro planeta puede alterar las órbitas de estos cuando pasan muy cerca de nosotros.

Estos asteroides no solo son importantes para ayudarnos a definir cuestiones relativas al nacimiento del sistema solar, sino que, probablemente, tendrán una importancia económica en el futuro, quizá en las próximas décadas, ya que podremos extraer de ellos una gran cantidad de recursos para usarse, tanto en nuestro planeta como en futuras misiones espaciales tripuladas. Se trata de elementos como el oro, la plata o el cobre, de gran valor actualmente, que podrían procesarse en el espacio o en nuestro planeta. También podría extraerse agua de los asteroides carbonáceos, lo que nos ayudaría a reabastecer con este recurso tan importante misiones que viajen lejos de nuestro planeta, e incluso generar combustible a partir del agua, separando el hidrógeno y el oxígeno.

En la actualidad hay numerosas empresas privadas que estudian la manera de catalogar y conocer los recursos económicos de los asteroides cercanos a la Tierra, que son los más accesibles, para así minimizar el consumo de combustible de las futuras naves. Aun así quedan todavía muchas cuestiones por resolver, como si habría que tratar estos materiales en el espacio o si tendrían que traerse a la Tierra para su refinamiento. Y, por supuesto, es importante crear una legislación a nivel global que impida la extracción sin control de los recursos del espacio. De todos estos asuntos hablaremos con más detalle en el último capítulo.

Si viajamos un poco más lejos, nos encontraremos con el cinturón de Kuiper, una región del espacio que va desde más allá de la órbita de Neptuno, el planeta más alejado del sistema solar, hasta unas cincuenta veces la distancia de la Tierra al Sol. Este cinturón de cuerpos es muy parecido al cinturón de asteroides, pero tiene una peculiaridad que lo hace a su vez enormemente diferente: mientras que la mayoría de los cuerpos en el cinturón de asteroides son rocosos, la mayoría de los presentes en el cinturón de Kuiper están compuestos de hielo. En este cinturón se encuentra precisamente Plutón, que fue considerado planeta hasta 2006 y que ahora está en la categoría de planeta enano, como Ceres.

Algunos modelos de formación planetaria indican que el cinturón de Kuiper tendría una masa bastante grande, alrededor de unas treinta veces la masa de nuestro planeta. Sin embargo, se calcula que en la actualidad podría ser cuatro veces inferior. Según estudios recientes, esto se debería a que durante los primeros millones de años de existencia del sistema solar, una estrella pudo pasar cerca de nuestro sistema solar, llevándose una gran parte de los cuerpos del cinturón de Kuiper y provocando que las órbitas de algunos cuerpos se volvieran muy excéntricas, e incluso inclinadas con respecto al plano en el que se mueven los planetas. Esta estrella habría pasado aproximadamente a sesenta veces la distancia de la Tierra al Sol. Otros estudios sugieren que el movimiento de los planetas hacia dentro y hacia fuera de sus órbitas, conocido como «migración planetaria», alteró las órbitas de los cuerpos de tal manera que expulsó a unos del sistema solar e hizo que otros chocaran contra los planetas, lo cual explica esta falta de masa que observamos en la actualidad.

Aún más lejos nos encontramos con la nube de Oort, una zona esférica alrededor de nuestro sistema solar en la que podrían existir miles de millones de cuerpos formados principalmente por hielo. Esta nube abarca una gran distancia. Algunos autores incluso sugieren que tiene varios años-luz de diámetro y que podríamos compartirla con las estrellas más cercanas.

Muchos de los objetos de la nube de Oort se formaron cerca del Sol, pero de nuevo fueron expulsados a zonas mucho más lejanas por la influencia de Júpiter y los demás gigantes gaseosos. Otros provienen probablemente del intercambio de materia entre el Sol y sus estrellas cercanas, como aquellas junto a las que pudo formarse. Estos cuerpos podrían servirnos como muestras de la composición de otros sistemas planetarios, aunque de momento inalcanzables con nuestra tecnología.

Dado que estos cuerpos tienen una unión tan débil con nuestro sistema solar a causa de la distancia entre sí, su órbita puede verse modificada a veces si existen pequeñas perturbaciones, con lo cual caen hacia el sistema solar interior. Son lo que conocemos como «cometas». Conforme van acercándose al Sol, sus hielos comienzan a sublimarse (es decir, pasan del estado sólido al gaseoso directamente), y se genera esa cola tan característica, que podemos ver incluso a simple vista en el caso de los cometas más brillantes.

Hemos hablado mucho de la influencia de los gigantes gaseosos en las órbitas de los cuerpos del sistema solar más exterior, y es que francamente la tuvieron, pero también tuvieron su peso en el sistema solar interior. Hoy, los modelos más recientes de la formación de nuestro sistema afirman que, al principio, los cuatro gigantes gaseosos se encontraban mucho más cerca entre sí. Esto generó fuertes interacciones entre ellos que les llevaron a migrar y a alejarse los unos de los otros hasta alcanzar órbitas más estables. A su vez, esto provocó grandes catástrofes en el sistema solar interior. Alrededor de seiscientos millones de años tras la formación del sistema solar interior, tuvo lugar lo que conocemos como «bombardeo intenso tardío», una época en la que se multiplicaron las colisiones en nuestro sistema solar.

La nueva configuración de los planetas provocó alteraciones, tanto en las órbitas del cinturón de asteroides como en las del cinturón de Kuiper, con lo cual las órbitas estables y circulares de los cuerpos se volvieron excéntricas y se cruzaron con la órbita de los planetas hasta provocar numerosas colisiones. En la Luna todavía se pueden observar los efectos de este momento tan crítico, mientras que ya no es visible en nuestro planeta, debido al enorme cambio que hemos sufrido en estos millones de años.

¿Y cómo ponemos fecha a eventos como el bombardeo intenso tardío? Bien, podríamos decir que los cuerpos del cinturón de asteroides de los que hemos hablado antes podrían ser relativamente primitivos; serían, en cierto sentido, como los «fósiles» de la formación de nuestro sistema solar, haciendo un símil con la paleontología. Pero la realidad es mucho más compleja, y es que cuando estudiamos hoy los asteroides y los meteoritos que nos llegan, estos han sufrido también grandes modificaciones a lo largo de su vida, a veces en varias etapas. Algunos se han sometido a elevadas temperaturas por las colisiones con otros cuerpos. Otros han sufrido alteraciones a causa del agua, de modo que se han producido cambios en sus minerales. Otros incluso podrían haberse fundido por com-

DATO CURIOSO
¿Qué son los minerales?

Los minerales son sustancias químicas que cumplen una serie de requisitos: el primero es que sean sólidos a las temperaturas normales en la superficie de la Tierra. El segundo es que sean sustancias que aparezcan de manera natural y no sean productos artificiales creados por el ser humano. El tercero lugar, estas sustancias tienen que ser inorgánicas, es decir, que tampoco sean «fabricadas» por ningún ser vivo. El cuarto, deben tener una composición química concreta que puede variar muy poco, algo así como las cantidades de una receta de cocina. Y, por último, tienen que tener una estructura interna ordenada, es decir, que los átomos que forman estas sustancias estén ordenados de una manera que se repita en todo el mineral.

En la actualidad se conocen casi cuatro mil minerales. Algunos son comunes en nuestro día a día, como el yeso, usado en la construcción, la halita, que es la sal común, o el cuarzo, que forma muchos de los granos de arena de la mayoría de las playas que conocemos.

pleto. Eso hace que, en cierta manera, los asteroides no sean primitivos del todo. Sin embargo, pueden ayudarnos a desentrañar la historia, ya que contienen un registro de los distintos procesos que han sufrido. Eso sí, ordenar temporalmente todos esos procesos no es precisamente una labor fácil en muchos casos, pero es posible, ya que a veces las alteraciones no han afectado a todo el asteroide.

Tampoco parece de gran ayuda estudiar el polvo que hay en nuestro sistema solar porque sabemos que no procede precisamente del polvo original que formaba la nebulosa protoplanetaria, sino que se formó a partir de las colisiones entre los asteroides. Por ello, la información que podemos obtener de esta fuente tampoco resulta muy útil.

En cambio, los cuerpos más fríos, como los cometas y los objetos del cinturón de Kuiper, podrían no haberse sometido a procesos que los hayan calentado lo suficiente como para cambiar su composición sustancialmente. Por lo tanto, sí serían una buena muestra de la composición de las partes más externas de la nebulosa protoplanetaria.

LOS METEORITOS NOS AYUDAN A COMPLETAR NUESTRA HISTORIA

Prácticamente, la única manera que tenemos de estudiar el sistema solar es a través de los meteoritos, ya que nos permiten tomar muestras de los distintos cuerpos de nuestro sistema solar sin necesidad de tener que ir a recogerlas nosotros mismos. Esto sería muy costoso desde el punto de vista económico y tecnológico.

Además de contar con nuestro planeta, disponemos de rocas de la Luna, que hemos podido traer en las distintas misiones que hemos llevado a su superficie, y de rocas de algunos meteoritos que han llegado hasta nosotros. También hemos conseguido encontrar meteoritos procedentes de Marte, aunque, a pesar de las múltiples misiones que han viajado al planeta rojo, todavía no hayamos podido organizar una misión de retorno de muestras por su dificultad tecnológica y su coste. Tal vez en la próxima década podremos ver por primera vez una misión de este tipo realizada en Marte. Al menos nos quedan sus meteoritos.

Los meteoritos que más nos interesan para recabar pistas sobre la edad del sistema solar y su composición son los denominados «condritos», los más primitivos de todos; cuando hablo de «primitivos», me refiero a que se crearon en las primeras etapas de la formación del sistema solar. Los abundantes elementos que encontramos en los condritos serían muy similares a los que habría en la nebulosa que formó nuestro Sol.

Los condritos provienen de la colisión de partículas de polvo en la nebulosa protoplanetaria, que dio lugar a la formación de asteroides de pequeño tamaño en los que nunca se produjeron fenómenos de fusión ni de grandes temperaturas (de ellos hablaremos en el siguiente capítulo). Aun siendo tan primitivos, muchos condritos también han sufrido procesos de alteración acuosa y asociados a las altas temperaturas. Probablemente, esto se debió a los elementos radiactivos que contenían en su interior y que, al descomponerse, podían calentarlos desde dentro, así como a las altas temperaturas derivadas de las colisiones con otros cuerpos. Son muy excepcionales los condritos que no han sufrido ninguna alteración y que pueden contener muestras del polvo primigenio del sistema solar, pero los hay.

Estos meteoritos contienen en su interior unas esferas llamadas «cóndrulos», que rondan el milímetro de tamaño y que se formaron a partir de materiales rocosos fundidos, o parcialmente fundidos, de la nebulosa protoplanetaria. Precisamente gracias a estos cóndrulos hemos sido capaces de datar con exactitud la edad del sistema solar, ya que fueron de los primeros sólidos que condensaron en la nebulosa protoplanetaria.

Los isótopos radiactivos que contienen estos cóndrulos nos permiten ponerles una fecha de origen, aunque hay que tener mucho cuidado a la hora de estudiarlos porque algunos podrían haberse formado más tarde. Los cóndrulos más antiguos conocidos tienen una edad aproximada de 4.567 millones de años. Y ¿cómo calculamos su edad en el laboratorio? Pues mediante una técnica conocida como «datación radiométrica».

Al principio hablábamos de que hay isótopos que no son estables, que se desintegran y dan lugar a otro isótopo diferente. Puesto que podemos calcular con mucha precisión la cantidad de isótopos «padre» (los que se desintegran) e «hijo» (los que resultan de la desintegración) que existen en un determinado mineral, solo nos queda conocer su periodo de semidesintegración, es decir, el tiempo que tarda una cantidad dada del isótopo padre en transformarse en el isótopo hijo. Afortunadamente, los periodos de semidesintegración se conocen bastante bien y no se ven afectados por ningún cambio externo, como puede ser un campo magnético, la temperatura, la humedad, etc. Distintos isótopos nos servirán para datar distintas cosas, ya que algunos tienen periodos de semidesintegración muy bajos (del orden de miles de años), y nos sirven para fechar eventos relativamente recientes, mientras que otros tienen periodos de miles de millones de años, y se usan para datar hechos que ocurrieron en los albores del sistema solar.

Pero, desgraciadamente, en la naturaleza no hay ningún sistema perfecto, y a veces un fuerte aumento de temperatura puede hacer que los minerales pierdan una cantidad de estos átomos padre o hijo, lo cual altera la edad de un mineral concreto, o incluso la de toda la muestra; normalmente provoca un «rejuvenecimiento» en la edad. A veces incluso hemos contaminado las muestras sin querer durante el proceso de transporte o preparación, lo cual nos ha obligado a tener que repetir la datación. Para evitar este tipo de problemas, las edades calculadas mediante datación radiométrica no se hacen nunca sobre un mineral solo, sino sobre varios, para comprobar que efectivamente hay una concordancia en todas las edades y así descartar procesos naturales o errores que puedan dar al traste con una buena datación.

Aunque conocemos a grandes rasgos la historia de la formación de nuestro sistema solar y hoy día podemos observar sistemas planetarios en distintos estadios de formación con los que comparar el nuestro y crear fantásticos modelos físicos y matemáticos, todavía quedan muchos detalles por averiguar. Sin embargo, con las mejoras tecnológicas, y con un mayor acceso al espacio, seguro que podremos ir escribiendo muchas páginas de esta apasionante historia que culminaremos en el siguiente capítulo, con la formación de nuestro planeta.

CAPÍTULO 2

LA FORMACIÓN DE LA TIERRA Y LA LUNA:

LOS PRIMEROS PASOS

En el capítulo anterior hacíamos un viaje desde el origen del universo hasta la formación de nuestro sistema solar. Pero no nos detuvimos, con toda la intención, en los pormenores del origen de nuestro planeta, puesto que para entender mejor su geología, dinámica y evolución necesitamos un capítulo aparte en esta historia tan fascinante.

La Tierra no se encuentra en su posición por casualidad, como tampoco lo están el resto de planetas rocosos o terrestres: Mercurio, Venus y Marte. Como avanzábamos antes, los cuerpos rocosos se forman más cerca de las estrellas que sus hermanos gaseosos, ya que a esta distancia las temperaturas solo permiten que se condensen los elementos con un mayor punto de fusión, como los metales, o los minerales como los silicatos; de estos últimos, por ejemplo, está compuesta alrededor de un 90% de la corteza, la parte de la Tierra donde vivimos y de la que hablaremos más adelante.

Hasta unas cinco veces la distancia de la Tierra al Sol, la temperatura no es tan baja como para que los elementos más volátiles como el agua o el dióxido de carbono se condensen y puedan comenzar a juntarse para formar cuerpos más grandes. Y no solo eso, sino que, por efecto de la radiación solar, los gases ligeros como el hidrógeno y el helio se alejan del centro de la nebulosa protoplanetaria hacia las zonas más externas.

A pesar de que los planetas rocosos de nuestro sistema solar se han formado relativamente cerca los unos de los otros, cuando los estudiamos hoy día, vemos que son tremendamente diferentes a la Tierra en muchos aspectos y que son distintos entre sí.

Mercurio, con un tercio del diámetro de nuestro planeta, se parece mucho por fuera a nuestra Luna, que tiene la superficie completamente cubierta de cráteres. Esto nos indica que su superficie es muy antigua, primigenia, que apenas ha cambiado desde sus orígenes (si es que lo ha hecho). Paradójicamente, a pesar de ser el planeta más cercano al Sol, no es el que tiene una mayor temperatura en su superficie. Incluso aunque nos sorprenda, hemos encontrado hielo en los cráteres de sombra perpetua que hay en sus polos.

Venus, con un tamaño muy similar a la Tierra, es un mundo totalmente extraterrestre. Su atmósfera, sumida en un efecto invernadero de unas dimensiones totalmente desproporcionadas, hace que sea el planeta del sistema solar con la mayor temperatura en su superficie. Apenas podemos ver cráteres sobre la superficie de Venus, lo que nos indica que algo que todavía desconocemos es capaz de rejuvenecer su superficie. Algunos datos de misiones recientes a Venus nos indican que hoy día podría tener todavía volcanes activos, pero no hay pruebas concluyentes.

Marte, de la mitad de tamaño que la Tierra, fue quizá el planeta más similar al nuestro en sus orígenes. Hoy sabemos que, siendo conservadores, en los primeros mil millones de años tras su formación pudo tener océanos, lagos e incluso periodos lluviosos, aunque el enfriamiento de su interior y el cese de la actividad geológica probablemente fueron responsables del Marte frío y seco que conocemos en la actualidad.

Precisamente, estudiar las diferencias y similitudes entre

los demás planetas y el nuestro, lejos de ser una actividad trivial, puede ayudarnos a conocer la historia pasada de la Tierra. Asimismo, podemos usar todos estos datos recopilados a lo largo de las últimas décadas para poder predecir el futuro de la Tierra no solo a nivel geológico, sino también a nivel climático, o quién sabe si incluso a nivel biológico.

Pero volvamos por un momento a la formación de los planetas. ¿Qué hizo de la Tierra un planeta tan habitable y hospitalario para la vida tal y como lo conocemos hoy?

LA FORMACIÓN DE LA TIERRA

A partir de la distancia a la que se encuentra hoy Mercurio (unos cincuenta y ocho millones de kilómetros del Sol de media), algunos elementos metálicos pudieron haber empezado a condensarse y a formar pequeñas gotas o acumulaciones. Por su parte, conforme iba aumentando la distancia con respecto al Sol, y gracias al consecuente descenso de las temperaturas, los materiales rocosos (principalmente minerales del grupo de los silicatos) comenzaron a condensarse y agruparse.

Imaginemos por un momento que ponemos un cazo con agua en el fuego, que representa el Sol, y que el vapor de agua que se va escapando conforme hierve el agua es la nebulosa protoplanetaria. Mientras el vapor está cerca del agua, sigue estando en forma gaseosa, pero conforme se aleja del cazo comienza a enfriarse y a formar gotas, es decir, se condensa. Pues bien, un fenómeno parecido ocurría con la distancia al Sol, solo que con muchos elementos distintos, incluyendo compuestos como el agua, que se condensarían muy lejos del Sol.

Los granos formados por materiales rocosos y metálicos fueron creciendo por colisiones directas entre sí, cuando se cruzaban sus órbitas alrededor del Sol, o conforme iban aumentando de tamaño, por la atracción gravitatoria que iban ejerciendo unos granos sobre otros. Llegaría un momento en el que estos granos alcanzarían alrededor de un centímetro de diámetro, y las colisiones fortuitas que les permitían ir creciendo paulatinamente daban lugar a una nueva etapa de crecimiento. Al alcanzar ese tamaño, las colisiones más rápidas y violentas fragmentaban estos granos y los hacían menguar de nuevo, mientras que las colisiones más constructivas, las que ocurrían a velocidades relativamente bajas, les permitían crecer, quizá ayudados por la mayor atracción gravitatoria que ejercían sobre cuerpos que pasaban cerca.

Conforme seguían creciendo, estas agrupaciones de polvo y metales iban dando lugar a lo que conocemos como «planetesimales», cuerpos de entre uno y diez kilómetros. Probablemente, estos cuerpos no eran más que agrupaciones más grandes de granos de polvo y elementos metálicos unidos entre sí de una manera muy débil. A su vez, estos planetesimales chocarían entre sí, con lo cual crearían cuerpos cada vez más grandes. Y estos últimos irían atrayendo otros cuerpos por acción de su gravedad, lo cual haría que estos cuerpos fuesen creciendo a base de engullir otros planetesimales más pequeños. Estos impactos serían cada vez más violentos, ya que conforme se fueran acabando los cuerpos más pequeños, lo que quedaría serían cuerpos más grandes.

Estas colisiones provocaban grandes cambios en los planetesimales, con lo cual sufrían procesos de fusión que podían ser parciales o incluso completos, y que daban lugar a transformaciones en los minerales e incluso en la estructura interna de estos cuerpos. De hecho, a día de hoy podemos observar este tipo de transformaciones en los asteroides del sistema solar.

DATO CURIOSO
La Tierra no es una esfera

A veces nuestros sentidos nos engañan. La Tierra no es realmente una esfera, aunque lo parezca. Desde luego no es plana, pero lo cierto es que dista de ser la esfera perfecta. Si pudiésemos medir con una cinta métrica la circunferencia de nuestro planeta por el ecuador, e hiciéramos lo mismo con los polos, veríamos que el ecuador tiene una «cintura» que mide cuarenta kilómetros más que los polos. Es decir, que nuestro planeta está achatado por los polos y un poco «inflamado» por el ecuador. Esto se debe a la rotación de la Tierra, que al girar, ejerce una fuerza mayor hacia fuera sobre la zona ecuatorial que sobre los polos, como si se fuese a desprender parte de nuestro planeta por el ecuador. Como el planeta no es totalmente rígido, ya que tiene un manto viscoso, puede deformarse y dar lugar a esta forma tan curiosa. Así que la próxima vez que veáis una foto de la Tierra desde el espacio pensad que, en realidad, lo que estáis viendo no es una esfera perfecta, sino un esferoide oblato.

Pero llegó un momento en el que todo empezó a cambiar muy lentamente. En el interior del sistema solar habría algunos embriones planetarios lo suficientemente grandes (quizá de entre cincuenta y cien planetoides de tamaño) como para limpiar su vecindario de planetesimales a base de atraerlos y de chocar con ellos. Probablemente, los planetesimales que quedaban también seguían chocando entre sí, pero tarde o temprano acabarían formando parte de otros planetas porque iban quedando cada vez menos. Cuanto más grande era un embrión planetario, a mayor distancia podía atraer planetesimales, robándole a otros embriones planetarios una posible fuente de crecimiento.

Tras esta fase de alimentación y crecimiento, llegó la fase final, quizá la más dura de todas. El número de colisiones entre los embriones planetarios y los planetesimales fue reduciéndose cada vez más, pero las perturbaciones entre los embriones planetarios provocaron gigantescas colisiones al alterarse las órbitas de los cuerpos. En ocasiones, estos embriones se unían para formar uno solo si la velocidad de colisión no era muy rápida. Otras veces, la colisión era tan violenta que el impacto volvía a provocar la formación de uno o más cuerpos, ya que un porcentaje importante de la materia de estos salía despedida de nuevo hacia el espacio tras el violento choque.

Muchas de las simulaciones sugieren que nuestro planeta tardó unos cien millones de años en crecer hasta alcanzar su tamaño actual, aunque esta historia está lejos de acabar aquí...

LA FORMACIÓN DE LA LUNA. LA TIERRA TAMBIÉN TUVO ANILLOS

Hasta ahora hemos hablado de la formación de la Tierra, pero nuestro planeta no está solo. Tenemos un satélite, nuestra Luna, cuya formación influyó directamente en el destino de nuestro planeta.

En el capítulo anterior decíamos que los gigantes gaseosos como Júpiter o Saturno eran capaces de retener tanta materia de la nebulosa protoplanetaria como para provocar la formación de un minisistema solar a su alrededor, con numerosos cuerpos. Sin embargo, parece que en el caso de planetas más pequeños, como la Tierra, es muy difícil explicar la formación de satélites de esta manera.

¿Y qué hay del origen de nuestro único satélite natural, la Luna? Esta ha sido una cuestión que nos ha resultado difícil comprender. De hecho, hasta hace pocas décadas teníamos cuatro teorías científicas sobre la formación de nuestra Luna.

La primera, conocida como la teoría de la fisión, fue propuesta por George Darwin, hijo de Charles Darwin, a finales del siglo XIX. Afirmaba que nuestra Luna se había originado cuando la Tierra, todavía fundida por el calor de su formación, giraba tan rápido que un trozo se separó de esta y dio lugar a la Luna, algo así como cuando hacemos girar una pelota de tenis mojada. Esta teoría fue desacreditada a principios del siglo XX, pero durante la década de los sesenta volvió a cobrar un pequeño impulso. Aunque nos parezca una idea disparatada en estos momentos, mucho más tarde se han descubierto en nuestro sistema solar asteroides que giran tan rápido que son capaces de desintegrarse total o parcialmente. Sin embargo, para ello tienen que reunir una serie de condiciones, como tener un tamaño pequeño y no ser cuerpos monolíticos, es decir, no estar formados por un bloque de roca sólida. Más bien tienen que ser lo que denominamos técnicamente «*rubble piles*» (traducido literalmente como «montones de escombros»), asteroides compuestos por trozos más pequeños de roca, polvo y compuestos volátiles como el agua que viajan juntos porque la gravedad los mantiene unidos, pero se trata de una gravedad tan baja que si giran muy rápido, acaban desintegrados.

Asimismo está la teoría de la captura, que afirma que la Luna se formó en realidad en otro lugar del sistema solar y que, por efecto de la gravedad, la Tierra consiguió atraparla en nuestras proximidades, de forma que se quedó orbitando a nuestro alrededor. Sin embargo, esta teoría también perdió importancia en los años ochenta, ya que no explica con precisión cómo la Tierra pudo frenar un cuerpo tan grande como la Luna y dejarla en órbita a su alrededor. Como mencionábamos antes, durante un tiempo se pensó que la Luna y la Tierra podían haberse formado juntas, si es que al principio la Tierra hubiese tenido alrededor un disco de gas y polvo a partir del que la Luna comenzara a formarse y crecer. Esta teoría no es capaz de explicar algunas diferencias importantes, como por qué la Luna tiene un núcleo metálico mucho más pequeño que nuestro planeta, cuando deberían tener una composición muy similar al haberse formado tan cerca.

Y, por último, está la teoría dominante, aceptada hoy día, que es la del gran impacto. Afirma que nuestro planeta sufrió la colisión de un cuerpo que hoy conocemos como Theia, cuyo tamaño era similar al de Marte cuando la formación planetaria estaba en sus últimas etapas, un momento en el que prácticamente solo quedaban los cuerpos de mayor tamaño, como hemos mencionado antes. Al principio, esta teoría fue tremendamente criticada, ya que muchos científicos pensaban que estas colisiones, dada su virulencia, podían provocar que los cuerpos en formación perdieran una

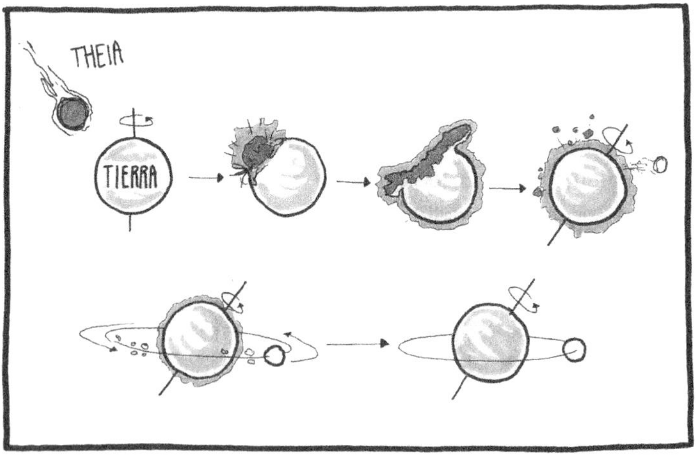

gran parte de su masa. Pero gracias a las simulaciones cada vez más avanzadas y a los datos más precisos que hemos podido obtener, es la teoría que más apoyo tiene en la actualidad. Es la única capaz de ilustrar las diferencias y similitudes de la Tierra y la Luna en cuanto a su composición, de dar sentido a la órbita que tiene la Luna en la actualidad y de explicar por qué está inclinado nuestro eje de rotación, es decir, el eje sobre el que la Tierra gira todos los días y da lugar al día y la noche.

Pero eso no es todo. ¿Podéis imaginaros la Tierra con anillos? Hoy día cuesta mucho hacernos a la idea de que la Tierra tuviese en algún momento anillos. Cuando pensamos en anillos, siempre nos vienen a la mente los de Saturno, que son los más majestuosos del sistema solar.

Lo cierto es que, muy probablemente, casi todos los cuerpos del sistema solar han tenido anillos en algún momento, ya que las violentas colisiones, especialmente en sus orígenes, eran capaces de lanzar gran cantidad de masa al espacio; durante un tiempo, esta masa giraría alrededor de los planetas y otros cuerpos y daría lugar a sistemas de anillos efímeros. El hecho de que estos anillos duren más o menos tiempo depende de muchos factores, a veces muy complejos, y todavía no los comprendemos del todo.

Aunque aún no los entendamos del todo, somos capaces de predecir la formación de anillos. Muy probablemente, en unos setenta millones de años, Marte formará unos anillos. ¿Cómo es posible que esto ocurra tan tarde? Pues bien, resulta que uno de sus dos satélites naturales, Fobos, se está acercando lentamente al planeta. Llegará un momento en que la atracción de Marte será tan fuerte que acabará rompiéndolo en pedazos, y se formará un anillo de rocas y polvo alrededor de Marte. Muy probablemente, parte de estos materiales caerán sobre la superficie de Marte y parte de ellos volverán a juntarse para formar un satélite más pequeño en un ciclo que podría haberse repetido a lo largo de la historia del planeta rojo. Una diferencia entre estos anillos y los de Saturno, por ejemplo, es que mientras que estos anillos estarían formados por partículas rocosas en su mayoría, los de Saturno estarían formados principalmente por partículas de hielo, compuestos orgánicos y algo de polvo.

Pero a lo que íbamos. Nuestro planeta también tuvo anillos, y seguramente fueron espectaculares, aunque duraron bien poco. Cuando Theia chocó con la Tierra, la colisión fue tan violenta que lanzó al espacio una gran cantidad de materia en estado fundido (bueno, en realidad no fue tan violenta como para que toda esta materia se perdiese en el espacio). La tremenda energía del choque hizo que se superaran muy probablemente los siete mil grados centígrados, una temperatura superior a la que hay actualmente en la superficie de nuestro Sol. Pues bien, parte de los materiales lanzados al espacio volverían a caer, pero otros comenzarían a girar en torno a la Tierra e irían uniéndose para formar lo que hoy es la Luna. Durante este periodo pudo haber más de una protoluna, pero no quedaría ni rastro de ellas, dado que acabarían formando finalmente parte de la Luna al colisionar con esta. Un fenómeno parecido a la formación planetaria, pero en nuestro vecindario.

La formación de la Luna y los anillos duró en torno a un centenar de años, tiempo más que suficiente para limpiar la mayoría del material lanzado al espacio. Muy probablemente, la Luna se formó a unos veinte mil o treinta mil kilómetros de la Tierra (hoy la distancia media de nuestro planeta a la Luna es de 384.000 kilómetros), pero con el tiempo ha ido alejándose a un ritmo variable, que hoy día ronda los cuatro centímetros por año. Entre otras cosas sabemos bien el ritmo al que nos alejamos porque en la actualidad podemos medir con mucha precisión la distancia de la Tierra a la Luna gracias a unos espejos que dejaron colocados en la superficie lunar los astronautas de las misiones Apolo. Con ayuda de unos láseres muy potentes que reflejamos en estos espejos, podemos calcular la distancia midiendo el tiempo que tarda el láser en volver reflejado desde la Luna.

Si miráis la Luna llena una noche despejada, veréis que en la cara visible desde nuestro planeta se encuentran unas zonas de color gris que destacan mucho sobre las zonas blancas y que llamamos «mares», aunque no estén en absoluto hechos de agua. Los mares son grandes llanuras formadas por gigantescas erupciones volcánicas que depositaron esas rocas más oscuras sobre la superficie lunar. Los mares más grandes se encuentran precisamente en la cara visible, mientras que en la cara «oculta» hay pocos y son pequeños.

¿Qué pudo provocar esta diferencia tan importante entre ambos hemisferios? La Luna, al ser más pequeña que nuestro planeta, se enfriaría mucho más rápido que la Tierra. Sin embargo, la cara visible de la Luna apuntaba continuamente a nuestro planeta, que tenía una temperatura muy elevada tras la colisión. Esto provocó que la cara «oculta» de la Luna se enfriara más rápido y se formase allí una corteza mucho más gruesa, mientras que en la cara visible, la corteza era mucho más delgada. A causa de la aparición de fracturas en la corteza más frágil y delgada, o bien por el impacto de los meteoritos contra la superficie de la cara visible de la Luna, esta acabó «agujereada», y por esos orificios salió sin problemas la lava que formaría los mares (como cuando pinchamos un globo de agua con delicadeza).

DATO CURIOSO

¿Qué es la zona habitable de una estrella?

En los últimos años hemos sido capaces de encontrar multitud de planetas alrededor de otras estrellas. La distancia hasta ellas es tan grande que apenas hemos podido averiguar información sobre estos planetas; a veces, poco más que su masa y su distancia con respecto a la estrella.

Pero ¿en qué medida son aptos esos planetas para la vida? Para poder abordar esa pregunta hemos inventado un concepto: la zona habitable. Esta zona no es más que la distancia de una estrella a partir de la que el agua podría encontrarse en estado líquido sobre la superficie de un planeta. Y es que el agua, tal y como la conocemos, es fundamental para la vida.

Esta zona depende de lo luminosa que sea la estrella, ya que a mayores luminosidad y temperatura, más lejos se encontrará la zona, y viceversa. Sin embargo, las zonas habitables no lo son eternamente, ya que van cambiando con el ciclo de vida de las estrellas, normalmente de dentro hacia fuera. Los cuerpos que en los primeros millones de años parecen habitables pueden volverse inhóspitos para la vida.

Obviamente, el concepto de «zona habitable» es solo un comienzo, ya que hay muchos más factores que hacen que un planeta pueda ser habitable. Un planeta sin atmósfera no sería capaz en ningún caso de tener agua líquida estable sobre la superficie, ya que se evaporaría directamente al espacio. En cambio, puede haber cuerpos que sí sean habitables y no tengan atmósfera, como las lunas heladas de los gigantes gaseosos como Encélado o Europa, que podrían tener bajo su corteza de hielo océanos subterráneos alimentados por la energía interna del satélite.

¿Quién sabe qué sorpresas encontraremos entre los miles de planetas descubiertos hasta el momento?

CUANDO LA LUNA PUDO TENER OCÉANOS

Vamos a volver a poner la mirada en nuestra compañera celeste. Si recordáis alguna imagen de la Luna, en especial las tomadas desde la superficie por los astronautas durante los alunizajes de finales de los años sesenta y principios de los setenta, la Luna probablemente os parecerá uno de los lugares más inhóspitos e inhabitables del sistema solar. Está cubierta de cráteres prácticamente a cualquier escala (incluso existen cráteres minúsculos en las rocas lunares), no tiene atmósfera y su día dura veintisiete días de los nuestros, lo que hace que tenga un día y una noche de casi catorce días, respectivamente.

Pero quizá no siempre fuera así. Nos referíamos antes a los mares lunares, que no hacen honor a su nombre y que cuando se formaron, estaban compuestos de roca fundida, o lava, expulsada por los volcanes lunares. Estos volcanes, como los de nuestro planeta, no solo emiten lava, sino también distintos gases. Puesto que las erupciones que formaron los mares eran gigantescas, los científicos se pusieron a calcular la cantidad de gases que los volcanes lunares iban lanzando al espacio, y vieron que estos emitían tal cantidad y a tal ritmo que la Luna pudo tener durante un tiempo una atmósfera alrededor. Y no solo eso. En esa atmósfera, además, habría vapor de agua, y probablemente hubo algunos periodos en los que el agua sería estable sobre la superficie, quizá incluso formando pequeños lagos de agua. ¿Quién nos iba a decir que, después de todo, lo de los mares no era tan descabellado?

Otra parte de esta agua podría ser la que hoy día encontramos en forma de depósitos de hielo en los cráteres de sombra perpetua que existen en los polos lunares, y que hasta ahora pensábamos que se había depositado por el impacto de los cometas a lo largo de la historia lunar. Este tipo de depósitos de hielo también existen en el mismo tipo de cráteres en Mercurio, a pesar de su cercanía al Sol, lo que nos hace pensar que podrían tener un origen común. La importancia de estos depósitos de hielo es fundamental para el futuro de la exploración lunar, ya que podrían abastecer a las colonias espaciales, al poder fabricarse agua para consumo humano o incluso combustible para las naves espaciales.

Sea como fuere, esta atmósfera que podría haber tenido la Luna se formó hace unos tres mil quinientos millones de años y duró en torno a unos setenta millones de años, una duración realmente breve en la historia de nuestro satélite. El motivo de su corta existencia fue que el viento solar, por un lado, y la débil gravedad de la Luna, por el otro, provocaron que la atmósfera se fuera perdiendo lentamente en el espacio tras el apagón de la actividad volcánica en la Luna.

Lo que no sabemos es si alguna vez vamos a poder encontrar pruebas de la existencia de agua líquida en la superficie lunar, ya que si nos fijamos en detalle en esa superficie, está completamente triturada. Tanto es así que los primeros metros de suelo lunar han sido totalmente pulverizados por los impactos de los meteoritos. Esto, junto con el efecto de las partículas cargadas del Sol, harán muy difícil encontrar restos de antiguos lagos o ríos que pudiesen haber existido en la superficie lunar.

EL NÚCLEO METÁLICO Y LA DIFERENCIACIÓN PLANETARIA. LA CATÁSTROFE DEL HIERRO

Hemos hablado mucho de la superficie, pero hemos dejado a un lado los procesos internos, que son muy importantes para comprender el funcionamiento de nuestro planeta hoy día.

Volvamos por un momento al pasado, concretamente a hace unos cuatro mil quinientos veinte millones de años. En ese momento, la Tierra se encontraba a una temperatura muy alta, no solo por el calor generado por los continuos impactos durante la formación de nuestro planeta, sino por el calor que los elementos radiactivos provocaban durante su desintegración.

Llegó un momento crítico en el que la temperatura de la Tierra superó los 1.538 grados centígrados, que es la temperatura a la que se funde el hierro. Al momento de la historia terrestre en el que se alcanza esta temperatura se lo conoce como la «catástrofe del hierro». Lo que ocurrió es que, debido a las altas temperaturas, nuestro planeta se encontraba en un estado lo suficientemente viscoso como para permitir el movimiento de grandes masas de material. A estas temperaturas, los elementos más pesados, como el hierro y el níquel, comenzaron a hundirse hasta el núcleo terrestre, mientras que los menos densos ascendieron hasta la superficie. Pensad en una fundición. Por encima de los metales fundidos suele quedar una parte oscura, la escoria, que es menos densa, mientras que el metal queda debajo. Pues bien, en el caso de la Tierra estaba ocurriendo una fundición a escala planetaria.

Esta catástrofe del hierro es, en parte, la responsable de que nuestro planeta tenga una distribución interna en capas (esa que seguro conoceréis y que lo divide en corteza, manto y núcleo). Y no fue solo un proceso químico, sino también físico, lo cual refleja el aumento de la densidad de los materiales desde la corteza, la parte más externa, hasta el núcleo.

Muy probablemente, ocurrió una segunda catástrofe del hierro, pero a menor escala, cuando Theia chocó con la Tierra y volvió a fundir nuestro planeta. De hecho, pensamos que la diferencia de densidad entre la Tierra (5,5 g/cm^3) y la Luna (3,34 g/cm^3) se debe a que cuando chocaron entre sí, parte de los materiales más densos se quedaron en la Tierra, mientras que la Luna se llevó parte de los menos densos (probablemente parte de la corteza y el manto) para su formación.

EL BOMBARDEO INTENSO TARDÍO

Justo antes de esta gran fase de vulcanismo lunar, ocurría en el sistema solar interior (el que ocupan Mercurio, Venus, la Tierra y Marte) el fenómeno que conocemos como «bombardeo intenso tardío». Se trata de una etapa en la formación de nuestro sistema solar en la que vuelven a dominar las colisiones entre distintos cuerpos, pero esta vez con la mayoría de los planetas y satélites ya formados desde hace entre 4.100 y 3.800 millones de años.

En nuestro planeta, las cicatrices de este evento no son visibles porque la superficie se va renovando continuamente. Pero si nos fijamos en las superficies de nuestra Luna, de Mercurio o de Marte e intentamos datar los cráteres, comprobaremos que hay un momento entre hace 4.100 y 3.800 millones de años en el que de repente aparece un mayor número de cráteres.

¿Qué pudo provocar esta convulsión en el sistema solar? La teoría más aceptada es que todos estos cuerpos cayeron hacia el interior del sistema solar por la migración de los gigantes gaseosos, concretamente Júpiter y Saturno, que consiguieron perturbar las órbitas de algunos asteroides existentes en el cinturón de asteroides de tal manera que acabaron cruzándose con los planetas interiores. Algunas de estas colisiones podrían haber sido responsables de perforar la corteza lunar y provocar el vulcanismo que formó algunos de los mares lunares (los de lava, no los de agua) de los que hablamos anteriormente. Imaginaos por un momento nuestra Luna mucho más cerca de lo que está hoy, con atmósfera, con volcanes activos y quién sabe si con pequeños lagos de agua.

LA PRIMERA CORTEZA Y LOS PRIMEROS OCÉANOS

Es cierto que estamos hablando mucho de la geología de los demás cuerpos del sistema solar, y aún muy poco de la de nuestro planeta, pero eso es porque muchos procesos ocurrieron antes en otros cuerpos, y otros tantos están relacionados con nuestro planeta. De hecho, aunque sea diferente, la historia de nuestro planeta puede también reconstruirse, en parte, fijándonos en los demás planetas, ya que en ellos no se ha perdido todo el registro rocoso de la infancia planetaria, como sí se ha perdido en el caso de la Tierra.

No sabemos con certeza cuánto tardó la Tierra en enfriarse lo suficiente como para tener una primera corteza sólida de la que hoy no queda ni rastro, pero probablemente, al igual que en otros planetas, necesitaría alrededor de cien millones de años desde la colisión con Theia para alcanzar una temperatura lo suficientemente fría para que comenzase a formarse esa primera corteza sólida. Es probable que esta primera corteza, la capa más externa, rígida y fría de los cuerpos sólidos del sistema solar, se destruyera por completo durante el bombardeo intenso tardío y, por ello, no quede ni rastro. Tan pocas pistas tenemos que no sabemos con certeza cómo era ni qué composición química y mineralógica podría haber tenido.

De hecho, las rocas más antiguas a las que tenemos acceso en nuestro planeta no superan por mucho los cuatro mil millones de años, pero de eso hablaremos más adelante. Así las cosas, ¿qué podemos saber de la infancia de nuestro planeta? Aunque no queden conservadas rocas tan antiguas, es cierto que, por suerte, sí han sobrevivido algunos de los minerales que formaban esas rocas, y podemos reconstruir el puzle con ellos.

Este es el caso del circón, un pequeño mineral que es tremendamente resistente. Tanto que puede destruirse por completo la roca de la que formaba parte y pasar a integrar otra roca, y repetir este ciclo varias veces. Además, encierra información fundamental sobre su edad, lo que nos permite ponerle una fecha de nacimiento, además de estudiar su composición.

Hasta ahora, los minerales más antiguos de origen terrestre a los que hemos tenido acceso son unos circones de unos cuatro mil trescientos setenta y cinco millones de años encontrados en Jack Hills, Australia. Podemos calcular la edad de estos minerales gracias a la presencia de elementos radiactivos que se desintegran y dan lugar a otros elementos hijo, cuyas cantidades podemos medir. Conociendo el ritmo de desintegración podemos calcular sus edades, como explicamos en el primer capítulo. Pero estos circones también contienen trazas químicas que nos indican que nuestro planeta no solo estaba lo suficientemente frío como para formar rocas en su superficie, sino que también tenía la temperatura adecuada para que existiera agua líquida sobre la superficie. Es posible que fuese en ese momento cuando nuestro planeta se volvió habitable, aunque no sea hasta cientos de millones de años después cuando tenemos pruebas de la aparición de la vida.

¿Y de dónde salía toda esta agua si la Tierra era un océano de lava tras la colisión con la Luna? Por lo que hoy sabemos, la mayor parte del agua de nuestro planeta procede precisamente de nuestro planeta, es decir, de los cuerpos que lo formaron inicialmente. Hasta no hace mucho, en cambio, pensábamos que el agua provenía de las colisiones con cometas, cuerpos formados principalmente por hielo, polvo y compuestos orgánicos procedentes de las zonas más externas del sistema solar. Para llegar a esta conclusión hemos tenido que estudiar con detalle el agua de los cometas y compararla con la de la Tierra, gracias a misiones espaciales como la Rosetta, que permitieron analizar la composición del cometa 67P/Churyumov-Gerasimenko con un detalle sin precedentes.

Conforme se fue enfriando la Tierra, los gases que escapaban de la roca fundida, y posteriormente los gases expulsados por los volcanes, contenían un agua que la Tierra ya tenía desde su formación y que provenía de los cuerpos que chocaron para darle origen. Durante décadas pensábamos que los asteroides y otros cuerpos rocosos eran totalmente secos, pero, para nuestra sorpresa, en realidad muchos contienen agua y otros elementos volátiles que posteriormente acabaron formando parte de nuestros mares y de nuestra atmósfera.

LAS ROCAS MÁS ANTIGUAS Y LA HISTORIA QUE NOS CUENTAN

Hoy día podemos asegurar que hay una carrera por encontrar las rocas más antiguas de nuestro planeta. Y no solo por el hecho de ostentar un récord, sino porque contendrían una información fundamental sobre qué pasó después del impacto que dio lugar a la formación de la Luna y cuáles fueron los primeros pasos de la geología terrestre.

Actualmente, las rocas más antiguas conocidas son las del gneis Acasta, en Canadá, que podrían tener una edad de hasta 4.020 millones de años, más de trescientos millones de años más jóvenes que el circón de Jack Hills del que hablábamos antes. Lo cierto es que cuanto más retrocedemos en la historia de la Tierra, más nos cuesta encontrar testigos rocosos de lo que pudo ocurrir.

Hay otras rocas que se disputan con las anteriores el ser las más antiguas de la Tierra, concretamente las que aparecen en el cinturón de rocas verdes de Nuvvuagittuq, también en Canadá. Los autores originales dataron su edad en 4.388 millones de años, pero otros calcularon que tenían 3.750 millones de años. Y la disputa sigue abierta a día de hoy, ya que en ocasiones estas rocas han sufrido una superposición de procesos tan grande que el cálculo de su edad puede resultar realmente complicado, ya que pueden haber quedado contaminadas por estos procesos y parecer más viejas o incluso más jóvenes.

Cuando los astronautas viajaron en las misiones Apolo a la Luna a finales de la década de los sesenta y setenta, trajeron consigo casi cuatrocientos kilos de rocas lunares. En la Tierra pudo estudiarse la edad de estas rocas y se descubrió que las más antiguas tenían en torno a cuatro mil cuatrocientos millones de años. Hoy sabemos que nunca encontraremos rocas tan antiguas en la Tierra, ya que la Luna se enfrió mucho antes debido a su tamaño. Además, como atestigua su superficie, la Luna ha cambiado muy poco desde su formación, modificándose prácticamente a base de impactos de meteoritos y de fenómenos volcánicos, por lo que probablemente tengamos un registro más completo de su historia geológica que de la de la Tierra.

Pero hablemos un poco más del gneis Acasta. Estas rocas descubiertas a finales de la década de los ochenta son metamórficas, es decir, los minerales que las componen han sufrido una transformación debido al cambio en las condiciones de presión o temperatura, o ambas cosas a la vez, ya que los minerales no suelen ser estables en todos los rangos de presión y temperatura de nuestro planeta. Es decir, si cogemos una roca de la superficie de nuestro planeta y la enterramos a mucha profundidad, la presión y la temperatura la acabarán transformando en otra roca diferente.

Algunos autores sugieren que el gneis Acasta podría ser precisamente un superviviente de la primera corteza de nuestro planeta, con una composición muy diferente a la que hoy conocemos. El bombardeo intenso tardío provocó que un gran número de cuerpos impactara sobre nuestro planeta, y la virulencia de estos impactos pudo elevar las temperaturas de la corteza hasta fundir las rocas de nuevo.

De hecho, se calcula que, en ese momento, en algunos lugares podrían haberse alcanzado los novecientos grados centígrados, temperatura más que suficiente para fundir las rocas existentes. Esta fusión provocó a su vez cambios químicos en esta primera corteza y la transformó en una roca más parecida a la que actualmente forma nuestra corteza. Con el paso del tiempo, esta corteza podría haber sufrido los efectos del metamorfismo y transformarse en el gneis Acasta que conocemos hoy, aunque todavía nos queda mucho por averiguar de estas rocas.

NUESTRO ESCUDO PROTECTOR, EL CAMPO MAGNÉTICO

Si habéis ido alguna vez de excursión, seguro que habéis tenido que usar una brújula para orientaros, ya que sus agujas siempre apuntan al Polo Norte magnético. Como veremos, le tenemos que dar las gracias de ello a la catástrofe del hierro.

Nuestro campo magnético es muy importante, especialmente para la vida. Por un lado, nos protege de las partículas cargadas del viento solar, que podrían golpear los gases de nuestra atmósfera y llevárselos hacia el espacio, lo cual nos dejaría con una atmósfera cada vez más fina, como en el caso de Marte. También protege nuestro organismo de los efectos de esas partículas cargadas, que podrían provocar mutaciones en el ADN nocivas para nuestra salud, aumentando, por ejemplo, la ocurrencia de casos de cáncer.

El campo magnético nos ha ayudado en la navegación desde hace unos dos mil años. De ello tenemos que dar gracias a la civilización china, que descubrió minerales magnéticos que se orientaban con el campo magnético terrestre y que ayudaban a trazar el rumbo en el mar, así como en la Tierra, especialmente en zonas donde había pocas referencias visuales.

Resulta que una parte de nuestro núcleo terrestre se encuentra en estado fluido y se mueve a altas temperaturas. Al ir moviéndose, los abundantes minerales metálicos que contiene el núcleo externo de la Tierra son capaces de generar una corriente eléctrica que a su vez crea un campo magnético, como si la Tierra funcionase como un gigantesco imán. No sabemos cuándo apareció el primer campo magnético de nuestro planeta, pero probablemente fuera después de la primera catástrofe del hierro, aunque las primeras evidencias de un campo magnético terrestre que hemos podido obtener en las rocas datan de hace unos tres mil cuatrocientos cincuenta millones de años, casi mil millones de años después de la formación de nuestro planeta. Algunas rocas pueden capturar el campo magnético que existía durante su formación, especialmente las rocas ígneas como la lava de los volcanes, de tal manera que podemos estudiar cómo era y qué intensidad tenía.

Lo que sí sabemos con certeza es que la intensidad del campo magnético ha variado a lo largo de la historia de nuestro planeta. De hecho, a veces ocurren lo que se conoce como inversiones magnéticas, que es cuando el Polo Norte magnético se coloca donde está el Polo Sur magnético, y viceversa; se trata de un proceso del que todavía no conocemos su mecanismo y duración. Lo que sí parece claro es que durante las inversiones del campo magnético, este no desaparece por completo. Y aunque a nivel biológico podemos estar relativamente tranquilos, desconocemos qué efectos podría tener en la tecnología, si bien hay datos que indican que esta menor intensidad del campo magnético provoca que los satélites sufran daños en su electrónica por el impacto de partículas que provienen del espacio, ya sea por acción del viento solar o de los rayos cósmicos y que, debido a la menor protección, estas llegan con una mayor facilidad a nuestro planeta sin ser desviadas.

La intensidad del campo magnético terrestre lleva alrededor de tres mil años reduciéndose. A este ritmo, en aproximadamente mil años tendrá tan poca intensidad que podrá ocurrir una inversión, así que tendremos que estar atentos porque podríamos tener una a la vuelta de la esquina.

LOS METEORITOS COMO FUENTE DE INFORMACIÓN

Hasta ahora hemos hablado de las colisiones entre distintos cuerpos como un proceso fundamental en la evolución geológica de los planetas. En la actualidad seguimos sufriendo colisiones, aunque afortunadamente con cuerpos de menor tamaño y a un ritmo mucho más bajo. Pero incluso hoy día hay cuerpos que todavía caen sobre la superficie terrestre, los meteoritos, que no son más que la parte sólida de un cuerpo, como un asteroide, un cometa o un planeta, que llega a atravesar la atmósfera y cae sobre nuestra superficie.

Estos meteoritos son capaces de aportarnos una gran cantidad de información sobre nuestro sistema solar y sobre nuestros orígenes. Algunas estimaciones sugieren que la Tierra recibe diariamente entre cinco y trescientos toneladas de partículas del espacio, de las que solo las más grandes son capaces de llegar a la superficie.

Pero ¿qué son los meteoritos? Son los cuerpos sólidos procedentes del espacio que caen e impactan sobre los planetas. Los meteoritos pueden venir de asteroides o de otros planetas, e incluso ser objetos primitivos que no han formado parte de otros cuerpos. Este último caso suele ser más raro, ya que la mayoría de los cuerpos que existen en nuestro sistema solar interior ha sufrido una evolución a lo largo de su historia.

Muchas veces confundimos meteoro, o estrella fugaz, con meteorito, pero son cosas distintas. El meteoro es la luz que vemos en el cielo cuando una partícula o un cuerpo entra desde el espacio a la atmósfera. Será un meteorito si logra llegar al suelo; de lo contrario, únicamente será un meteoro.

Pues bien, los meteoritos son muy importantes para comprender nuestro sistema solar y las condiciones que existían en su origen. Son, de alguna manera, los fósiles de la formación del sistema solar, y en ellos encontramos pistas que nos ayudan a reconstruir nuestra historia y la evolución de los distintos cuerpos antes de formar los planetas que conocemos en la actualidad. Incluso puede que en algún momento encontremos meteoritos que nos permitan reconstruir las distintas fases de la evolución planetaria.

Por otro lado, nos ahorran mucho dinero en viajes espaciales. Me explico. Hoy día somos capaces de encontrar meteoritos y de saber de dónde vienen más o menos, bien porque los vemos caer y podemos reconstruir su trayectoria, bien porque a raíz de su composición podemos asociarlos a una familia de asteroides de la que parecen provenir. A lo largo del año, numerosas misiones científicas viajan a la Antártida y a los distintos desiertos a buscar meteoritos, ya que, por un lado, el contraste entre el meteorito y la superficie de la nieve o el desierto suele hacerlos fáciles de encontrar y, por otro, las condiciones climáticas permiten que se conserven mejor. Gracias a estos meteoritos, por ejemplo, tenemos en nuestro planeta muestras de rocas lunares, e incluso de Marte, que llegaron a la Tierra tras brutales impactos que lanzaron ese material al espacio y que, tras probablemente miles o millones de años en el espacio, fueron interceptados por la Tierra. Esto nos abre una ventana de valor incalculable para poder estudiar esos mundos sin necesidad de tener que ir a recoger muestras. Y seguro que en otros planetas también podemos encontrar meteoritos de la Tierra, ya que al principio sufrió una serie parecida de grandes impactos. Quién sabe si algún día encontraremos en otros planetas los orígenes de nuestra primera corteza...

Desde el punto de vista tecnológico y económico, es muy difícil que a corto plazo tengamos una misión de retorno de muestras desde, por ejemplo, Marte (quizá esto suceda en la década de 2030); por su parte, esto parece impensable en el caso de otros planetas como Mercurio o Venus, al menos de momento. De la Luna, afortunadamente, tenemos un buen número de muestras gracias a las misiones tripuladas y robóticas de la década de los sesenta y setenta.

Así que solo nos queda esperar que caigan (o seamos capaces de encontrar) meteoritos procedentes de otros planetas que nos permitan estudiarlos sin tener que movernos de la Tierra. Al menos hasta que tengamos la tecnología suficiente como para traer muestras con nuestras propias manos, ya sean humanas o robóticas.

CAPÍTULO 3

EL PRECÁMBRICO

Hemos dedicado los dos primeros capítulos del libro a explicar los procesos que se han sucedido para dar origen a nuestro planeta, desde la formación del universo hasta la creación de nuestro propio sistema solar. Puede parecer excesivo que nos remontemos tan atrás, pero es que nuestro planeta sería muy diferente de haber aparecido mucho antes en la historia del universo, o si, por ejemplo, nunca hubiésemos sufrido la colisión que dio lugar a nuestra Luna.

Desde las colisiones entre pequeños granos de polvo hasta el planeta habitable (y habitado) que conocemos hoy y que ha dado origen a nuestra especie han pasado alrededor de cuatro mil quinientos millones de años.

Solo el Precámbrico tiene una duración aproximada de unos cuatro mil millones de años, casi el 90% de la historia de la Tierra, y a pesar de eso es uno de los periodos más desconocidos de todos debido al escaso registro rocoso que nos queda de esa época.

En este viaje por un planeta más familiar que empezamos ahora, la vida también desempeñará un papel fundamental. El motivo es que no solo ejerce de mera espectadora en el funcionamiento del planeta, sino que también es capaz de provocar cambios a escala global, formando parte de esta historia geológica por algo más que por los fósiles que llenan nuestros museos.

Aprovechando estas primeras pinceladas de nuestra historia, haremos un repaso de algunas claves de la historia de la geología moderna, así como de algunos de los principios básicos, que estoy seguro de que podréis utilizar cuando hagáis una salida al campo o visitéis algún museo de historia natural.

INTRODUCCIÓN AL TIEMPO GEOLÓGICO Y EL INICIO DE LA GEOLOGÍA MODERNA

No fue hasta el siglo XVIII cuando el geólogo escocés James Hutton se dio cuenta por primera vez de que las escalas temporales a las que estábamos acostumbrados en nuestra vida cotidiana no tenían nada que ver con las de la naturaleza. Pero Hutton no tenía medios para calcular con certeza la edad de nuestro planeta, y en su época, la edad terrestre se calculaba usando los textos bíblicos.

Un siglo antes del nacimiento de Hutton, el arzobispo irlandés James Ussher calculó que la Tierra se creó el domingo 23 de octubre del año 4004 a. C., basándose solo en referencias bíblicas. De ser cierta esta fecha, nuestro planeta tendría ahora mismo en torno a seis mil años.

Pero Hutton se dio cuenta de que los procesos geológicos dejaban entrever una edad muy superior para nuestro planeta. Por un lado, advirtió que la velocidad a la que se acumulaban los sedimentos era muy lenta, por lo que para formar capas de miles de metros de espesor se necesitaban tiempos realmente largos, fuera del rango de los seis mil años que había calculado Ussher. Por otro lado, si algunas rocas provenían de la destrucción y transformación de otras, si estas rocas a veces resultaban plegadas y fracturadas, si sufrían transformaciones para convertirse en otras y se volvía a repetir el ciclo, entonces

¿cuándo comenzó todo? ¿Había un principio y un final, o el ciclo geológico de nuestro planeta era infinito?

De hecho, Hutton acuñó una frase lapidaria en una publicación de 1788 conocida como *Theory of the Earth*: «El resultado, por lo tanto, de nuestra presente pregunta es que no encontramos vestigios de un comienzo, ni la perspectiva de un final». Prácticamente podemos decir que en ese momento nacía la geología contemporánea, una geología que se da cuenta de sus verdaderas limitaciones para comprender el alcance temporal de los procesos que han escrito la historia de nuestro planeta.

Hoy día tenemos la suerte de poder poner una edad absoluta a las distintas rocas y fósiles que encontramos en la Tierra, algo así como una fecha de nacimiento. Pero muchas veces, para referirnos a estas edades con más claridad, hacemos uso de la escala del tiempo geológico, en la que se divide la historia de la Tierra en distintos periodos.

Las primeras cronologías que se establecieron con respecto a nuestro planeta fueron relativas, es decir, seguían un orden secuencial de más antigua a más moderna, pero no tenían un valor cronológico estricto. Fueron posibles gracias al trabajo de pioneros como William Smith o Georges Cuvier, que estudiaron las secuencias de fósiles identificando los distintos estratos según su contenido fósil.

No fue hasta la llegada de la datación radiométrica cuando se pudo empezar a conocer la verdadera dimensión del tiempo geológico con total claridad. Estas técnicas son las que aprovechan la desintegración de los isótopos inestables de los que hablábamos en el primer capítulo para calcular la edad de las rocas. Uno de los primeros en usar estas técnicas para estudiar la edad de la Tierra fue Arthur Holmes. En la década de 1940, Holmes ya fue capaz de establecer la edad de nuestro planeta en torno a los cuatro mil quinientos millones de años; sin embargo, resultaba muy difícil estudiar la edad de la Tierra basándose directamente en las rocas a las que tenían acceso en esos momentos, ya que las primeras que probablemente existieron han desaparecido por completo.

Hasta entonces, muchos intentaban poner fecha a la Tierra basándose en cómo se enfriaba o incluso en cómo se depositaban los sedimentos en nuestro planeta, a pesar de ser procesos que nunca han ocurrido al mismo ritmo y de los que tenemos datos muy fragmentados. Por ello, los márgenes de error eran terriblemente grandes, y ninguna de las técnicas se acercaba tampoco a la verdadera dimensión del tiempo geológico.

Para conocer la edad de la Tierra, hemos tenido que trabajar directamente con meteoritos y muestras de la Luna, ya que los procesos que han transformado nuestro planeta desde su formación lo han cambiado radicalmente, al igual que la proporción entre los distintos elementos, que nos ayuda a calcular su edad. Así pues, la datación hasta ese extremo con rocas terrestres ha resultado prácticamente imposible, aunque en el anterior capítulo hablamos de la existencia de minerales muy, muy antiguos en rocas más modernas, que nos abren de esta manera una ventana a momentos más antiguos de nuestra historia. Precisamente gracias a minerales minúsculos, como los circones, que han pasado de roca a roca gracias a su gran resistencia, a veces podemos datar eventos muy antiguos.

LOS PRINCIPIOS BÁSICOS DE LA GEOLOGÍA

En geología operamos con una serie de principios básicos y fundamentales que podemos aplicar. Durante varios siglos, algunos de ellos eran de las pocas herramientas que tenían los primeros geólogos para datar las rocas, ordenarlas y entender sus interrelaciones. Pueden parecer una tontería, pero si os acordáis de esos principios la próxima vez que veáis el talud de una autovía o salgáis a la montaña, veréis la geología de una manera distinta.

Cuatro de estos principios los describió Nicolás Steno. Este científico danés nacido en el siglo XVII dedicó parte de sus esfuerzos a la geología y a la paleontología, aunque su mayor reconocimiento fue el de haber descubierto la glándula parótida.

El primero es el principio de superposición de estratos, que afirma que, en una secuencia de rocas, las más antiguas se encontrarán en la parte más baja de la secuencia, mientras que las más modernas o recientes estarán encima. Este principio solo es válido para rocas que no estén deformadas (o no muy deformadas), ya que a veces podemos encontrar secuencias que están invertidas (al revés) porque se han plegado. En ocasiones es fácil distinguir si una secuencia de rocas está invertida; por ejemplo, si hay huellas de animales, ya que los animales no caminan boca abajo, o si los granos que forman las rocas muestran algún tipo de ordenación.

El segundo es el principio de horizontalidad original, según el cual las rocas se depositarán horizontalmente por efecto de la gravedad. Este principio es cierto y universal, aunque a veces las rocas se pueden empezar a depositar con algo de inclinación (en todo caso no sería mucha, porque si no los granos caerían cuesta abajo y se depositarían en otro sitio).

El tercero es el principio de las relaciones de corte, que dice que si tenemos un cuerpo de roca que corta a otro, el que corta siempre será más reciente que el que es cortado. No solo funciona con rocas, sino con otras formas geológicas como las fracturas, o con la erosión.

El cuarto es el principio de continuidad lateral, que postula que cuando se depositan las rocas, estas se extienden en todas las direcciones del espacio. En caso de que haya una discontinuidad o una interrupción que divida estas rocas, como un valle, podemos suponer que a ambos lados existirán las mismas rocas.

El quinto es el principio de las inclusiones, que dice que cuando una roca incluye trozos de otra roca, los fragmentos rocosos tienen que ser anteriores a la formación de la roca que los contiene.

El sexto es el principio del uniformismo, propuesto por Hutton y mejorado por Charles Lyell, según el cual los procesos que ocurrieron en la Tierra a lo largo del tiempo han sido similares a los que ocurren actualmente y han funcionado a un ritmo parecido. Estos procesos pueden ocurrir junto con otros más rápidos y catastróficos que se dan en momentos puntuales, como impactos de meteoritos, terremotos o grandes inundaciones, pero que a grandes rasgos no cambian los procesos geológicos.

Con estos seis principios, los geólogos podían establecer una primera datación relativa de las rocas y establecer sus interrelaciones. De hecho, los primeros mapas geológicos, que muestran las rocas que afloran en la superficie terrestre y las estructuras geológicas que las acompañan, se construían a partir de estos principios, ya que las distintas formaciones rocosas suelen colorearse según su edad.

Posteriormente, en el siglo XVIII, William Smith introdujo otro principio muy importante, el de sucesión faunística, que dice que el contenido fósil de las rocas varía con su edad, pero en conjuntos de roca de la misma edad, aunque se encuentren alejados entre sí, podemos encontrar los mismos fósiles. Obviamente, esto vale para especies animales y vegetales con una distribución muy amplia o global. Es decir, en rocas del Cámbrico de todo el mundo podremos encontrar trilobites fósiles, pero nunca fósiles de Tiranosaurio, porque el Tiranosaurio no había aparecido aún; asimismo, en rocas del Cretácico (periodo en el que vivió el Tiranosaurio) no podremos encontrar trilobites. Esta ley se basa en que las extinciones son irreversibles, y los seres vivos no vuelven a aparecer en la Tierra una vez que han quedado extintos. Precisamente fue Smith el que, valiéndose de todos estos principios, confeccionó los primeros mapas geológicos propiamente dichos a finales del siglo XVIII y principios del XIX, aunque ya existían algunos intentos de cartografía geológica en Europa dedicados a la explotación de recursos mineros, especialmente metálicos y carboneros.

LA ESTRUCTURA INTERNA DE LA TIERRA

En el capítulo anterior nos dejamos una parte realmente importante por explicar, la estructura interna de nuestro planeta. Es cierto que hablamos de la formación del núcleo y de la catástrofe del hierro sin entrar en muchos detalles, pero lo cierto es que ese tipo de eventos fueron fundamentales para dar lugar a la estructura interna de la Tierra y, probablemente, de todos los planetas internos del sistema solar (y tal vez incluso de algún satélite como Ío).

Para explicarlo de una manera muy sencilla, los planetas se parecen mucho a los huevos. Si hervimos un huevo y somos capaces de cortarlo por la mitad con el cascarón incluido, nos queda una estructura similar a la de la Tierra en nuestras propias manos. La cáscara sería como la corteza terrestre, muy fina en comparación con las otras capas, y fácil de romper. La clara, más densa y con un mayor espesor que la corteza, equivaldría al manto terrestre. Por último, la yema sería el núcleo, la zona más densa e interna del planeta.

Analogías aparte, por lo que sabemos, es muy probable que los planetas terrestres tuvieran una composición más o menos homogénea tras su formación. Si hubiésemos podido cortar la Tierra justo cuando se formaba, veríamos que en su interior tal vez no podríamos distinguir ningún tipo de capas o estructuras, y que, pesásemos el trozo que pesásemos, todo tendría una densidad similar. Lo mismo pasaba con cuerpos como Mercurio, Venus o Marte, e incluso con algunos de los asteroides más grandes.

Para llegar a tener una estructura interna, los cuerpos tenían que sufrir una etapa que en geología se conoce como «diferenciación planetaria». Que no os asuste el nombre. La diferenciación no es más que un proceso por el que los distintos componentes de los que estaba formado el cuerpo (en nuestro caso, la Tierra) se iban separando y moviendo según sus propiedades químicas o físicas: lo pesado hacia el fondo y lo ligero hacia arriba. Y para ello se necesitaba una inmensa cantidad de calor, como la que sufrió nuestro planeta durante la catástrofe del hierro, y que otros cuerpos de tamaño similar también sufrieron al principio de su historia.

El calor de los impactos también fue muy importante para la diferenciación planetaria, especialmente el de los grandes impactos, como el que dio lugar a la formación de la Luna. Incluso la propia diferenciación generaba más calor debido al hundimiento de los elementos más densos. Así pues, se necesitaba mucho calor para que la diferenciación fuera eficiente.

Cuando los planetas en formación se calentaban lo suficiente y prácticamente todo el planeta se encontraba en un estado fundido, o al menos muy fluido, los materiales más densos comenzaban a hundirse hacia el núcleo, mientras que los menos

DATO CURIOSO
¿Por qué son tan resistentes los diamantes?

El diamante es el más duro de todos los minerales, pero está compuesto de los mismos átomos que la mina del lápiz con el que escribimos... Entonces ¿qué es lo que los hace tan diferentes?

El quid de la cuestión está en cómo los átomos de carbono se enlazan entre sí en ambos compuestos. Los átomos de carbono del diamante están unidos a otros cuatro en todas las direcciones del espacio, mientras que en el grafito, cada átomo de carbono solo está unido a otros tres, y además en el mismo plano. Esta diferencia en los enlaces se debe, entre otras cosas, a las diferentes condiciones de formación. Para aguantar la presión del lugar donde se formaron, los diamantes han tenido que crear enlaces más fuertes. En cambio, el grafito no ha necesitado una unión fuerte entre las distintas capas que lo forman, lo que lo hace mucho más débil que el diamante. Esto posibilita que, al apretar el grafito al escribir sobre el papel, seamos capaces de romper la estructura del grafito por esos planos de debilidad.

densos flotaban hacia las partes más altas, como ocurrió durante la formación de la corteza terrestre. Los elementos que se hundieron hacia el núcleo terrestre son los que conocemos como siderófilos (del griego «*sidero-*», que significa «hierro», y -«*filos*», «el que ama»), como el hierro y el níquel, que se hundieron hacia el núcleo. Por el contrario, los que ascendieron hacia las partes más altas son los litófilos (del griego *lito-*, «roca», y *-filos*), como el silicio, el aluminio o el oxígeno.

Probablemente, Mercurio y Marte no estén tan diferenciados como la Tierra, ya que, al ser más pequeños, se enfriaron más rápido, y los elementos pesados no tuvieron suficiente tiempo para hundirse por completo hacia el núcleo. De hecho, tenemos indicios de que en el manto de Marte, el contenido en hierro es aproximadamente el doble que en el manto terrestre.

Nosotros vamos a hacer una doble división de la estructura terrestre. Primero una división físico-química, y luego una división dinámica para poder avanzar en los procesos que dan forma a nuestro planeta desde dentro, especialmente a través de la tectónica de placas.

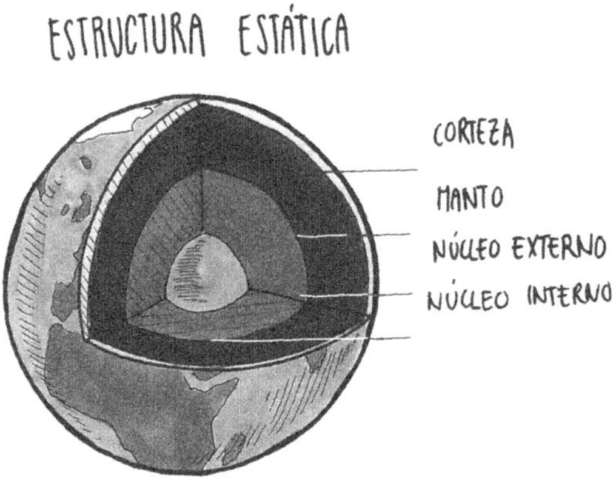

Atendiendo a la división físico-química, podemos dividir la Tierra en tres capas: corteza, manto y núcleo. La corteza es la capa más externa de todas, así como la más delgada y frágil; es, en cierto sentido, la piel de la Tierra, y en ella vivimos nosotros. Hay dos tipos de corteza, una más fina, la corteza oceánica, que tiene alrededor de cinco a diez kilómetros de espesor, y otra más gruesa, la continental, que tiene entre treinta y cincuenta kilómetros de espesor de media, aunque en algunos lugares supera los setenta, como en la cordillera del Himalaya. La corteza oceánica es la que forma el fondo de los océanos (de ahí su nombre), mientras que la continental es la que forma las tierras emergidas, es decir, los continentes.

La corteza tiene una densidad de alrededor de 3 g/cm^3 y está formada en un 80% por átomos de silicio, aluminio y oxígeno. De hecho, solo el átomo de oxígeno ocupa el 90% del volumen de las rocas de nuestra corteza. La corteza oceánica es un poco más densa que la continental, y de ahí que esté más hundida con respecto a la continental, que flota mejor sobre el manto.

El manto es la siguiente capa. Es la más voluminosa de todas las capas, forma algo más del 80% del volumen de nuestro planeta y más del 60% de la masa, y se extiende hasta los 2.900 kilómetros de profundidad. El manto está compuesto principalmente por hierro, oxígeno, magnesio y silicio, y podemos dividirlo en manto superior y manto inferior. El manto superior, con unos setecientos veinte kilómetros de espesor, tiene una densidad que oscila entre 3,4 y 4,4 g/cm^3. El inferior, que mide 2.200 kilómetros, llega a tener una densidad de 5,6 g/cm^3 en su parte más baja, el doble de densidad que la corteza. En el manto podemos encontrar temperaturas que van desde los doscientos grados centígrados en las zonas más frías hasta los tres mil de las zonas más profundas.

En muchos lugares se muestra la imagen del manto como una capa de roca fundida. En realidad suele encontrarse en estado sólido (aunque pueden existir zonas fundidas), pero debido al calor que recibe del núcleo, la roca está en un estado viscoso y comienza a fluir, como cuando ponemos un cazo de agua a hervir. El agua caliente y menos densa, la que está en contacto con el fondo del cazo, subirá hacia arriba, mientras que el agua fría, más densa, se hundirá para calentarse en contacto con el cazo. El movimiento del manto es el principal responsable de la tectónica de placas.

Por último llegamos al núcleo terrestre, que a su vez podemos dividir en dos, el núcleo superior fundido y el núcleo inferior sólido. Aquí las temperaturas pueden alcanzar los seis mil grados centígrados y la densidad puede llegar hasta los 13 g/cm^3, casi el doble que la del hierro. Esto se debe a que las grandes presiones provocan que los átomos estén mucho más juntos entre sí. El núcleo está compuesto principalmente por hierro y níquel, aunque puede haber otros elementos en mucha menos proporción, especialmente los siderófilos, tal como mencionábamos antes.

El núcleo terrestre se enfría a un ritmo aproximado de un milímetro por año, de modo que para poder solidificarse del todo se necesitarán en torno a unos dos mil quinientos millones de años más. Esto es bueno porque el núcleo externo es el responsable de mantener nuestro campo magnético, que, como hemos dicho, nos protege del viento solar y de otras partículas cargadas. Sin embargo, muy probablemente, para cuando llegue ese momento, el brillo del Sol habrá aumentado tanto que la vida en la Tierra será imposible, aunque de eso ya hablaremos en el último capítulo.

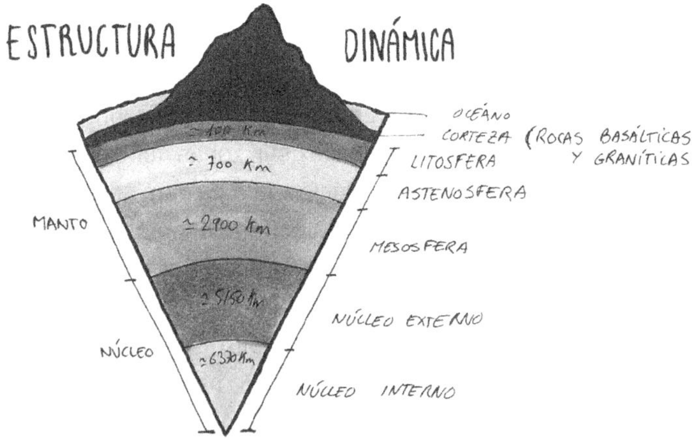

Ahora vamos a dividir la Tierra en una estructura dinámica, según el comportamiento de sus materiales. Estableceremos cuatro divisiones: litosfera, astenosfera, mesosfera y núcleo.

La litosfera es la capa más externa de todas, así como la más rígida y frágil. Comprende toda la corteza terrestre y una parte del manto superior, hasta donde las rocas dejan de tener un comportamiento frágil y se vuelven plásticas y con capacidad de fluir. Dependiendo de la zona, la litosfera puede llegar hasta los doscientos kilómetros de profundidad. Está dividida en placas litosféricas que se mueven.

Por debajo de la litosfera está la astenosfera, una capa muy viscosa, en constante deformación, que es la responsable de transmitir el movimiento a las placas litosféricas. La astenosfera comprende una parte del manto superior que llega a moverse varios centímetros por año gracias a su temperatura y viscosidad. Esta capa se extiende hasta los 660 kilómetros de profundidad.

Entre la astenosfera y el núcleo tenemos la mesosfera, una zona donde ocurre una transformación mineral muy importante y donde cambian las propiedades de las rocas de una manera relativamente brusca hasta llegar al núcleo superior, donde vuelven a cambiar de nuevo.

A lo largo de todo el libro insistimos mucho en la fragilidad de la corteza, ya que es precisamente esa fragilidad la que permitió, probablemente, que se diera la tectónica de placas. Venus, un planeta muy similar al nuestro, carece de tectónica de placas quizá por este motivo, porque su corteza no es lo suficientemente frágil para romperse. Esto se debe tal vez a las altas temperaturas en su superficie y a la ausencia de agua en la actualidad, a pesar de que, probablemente, su interior se encuentre en unas condiciones parecidas.

¿Y cómo sabemos todo esto del interior de nuestro planeta

DATO CURIOSO
¿Cuál fue el mayor terremoto que ha ocurrido en la Tierra?

Desde que podemos estudiar los terremotos con ayuda de los sismógrafos, el mayor terremoto ocurrido en nuestro planeta tuvo una magnitud de 9,5. Fue el terremoto de Valdivia, que tuvo lugar en Chile el 22 de mayo de 1960, y cuya sacudida duró aproximadamente diez minutos. A pesar de quedar destruidas más del 40 % de las casas de la región de Valdivia, la mayoría de las víctimas se las cobró el tsunami posterior, con olas que superaron los veinte metros de altura y que cruzaron todo el océano Pacífico, provocando daños incluso en Japón.

Sin embargo, no fue el terremoto más mortífero de la historia. En los siglos XX y XXI hemos tenido al menos cuatro terremotos en los que se ha superado la cifra de los doscientos mil fallecidos o desaparecidos. De nuevo, en la mayoría de los casos, las víctimas han sido fruto de los tsunamis posteriores al terremoto, un riesgo más previsible que el propio terremoto, pero que aun así sigue causando estragos.

si no somos capaces de observarlo directamente? La verdad es que hasta el desarrollo de la sismología, la ciencia que estudia los terremotos, sabíamos muy poco del interior de la Tierra. Así que gracias a los terremotos, especialmente a los grandes, podemos saber muchas cosas.

Los terremotos provocan una serie de ondas que se propagan por la Tierra, como cuando saltamos al lado de alguien y esa persona nota vibrar el suelo. Estas ondas, que son vibraciones que a veces sentimos cuando los terremotos son lo suficientemente fuertes, no siempre se mueven igual por el interior de nuestro planeta. Dependiendo de las rocas, de si están fundidas, o incluso de los cambios en los minerales, las ondas sísmicas pueden ir más rápidas o más lentas, desaparecer e incluso cambiar de trayectoria. Hay ondas que desaparecen cuando atraviesan líquidos y nos ayudan a descubrir las zonas fundidas del interior de la Tierra.

Gracias a la instalación de los sismómetros en diferentes puntos del planeta podemos estudiar cómo llegan las ondas de un mismo terremoto a distintas partes del mundo. Y al analizar en qué cantidad, en qué momento y de qué manera llegan estas ondas, podemos reconstruir una imagen del interior de nuestro planeta.

LA DERIVA CONTINENTAL Y LA TECTÓNICA DE PLACAS

Como hemos dicho antes, la geología moderna es una ciencia muy joven. Las escalas de tiempo hacían imposible pensar en un planeta antiguo y en constante cambio porque, a lo largo de nuestras vidas, el cambio, al menos en apariencia, es mínimo, salvo en episodios puntuales y catastróficos, como en terremotos, erupciones volcánicas y deslizamientos, entre otros. De hecho, no fue hasta principios del siglo XX cuando comenzó a estudiarse la superficie de nuestro planeta como algo dinámico, en lento pero constante cambio y movimiento más allá del efecto de los ríos, el viento y la nieve. Algo más se movía: eran los continentes.

Casi proféticamente, un joven Alfred Wegener escribía a su novia en una carta en el año 1910: «¿No parece que la costa este de Sudamérica encaja perfectamente con la costa oeste de África como si hubiesen estado unidas en algún momento?». No sabemos si con esta observación intentaba impresionar a su futura esposa, o al padre de esta, Vladimir Peter Köppen, creador de uno de los sistemas de clasificación del clima más usados. Pero sí supuso un gran cambio con respecto a lo que se pensaba hasta el momento, que los continentes habían permanecido estáticos desde su origen.

Wegener creía que todos los continentes estuvieron juntos en algún momento, formando un supercontinente al que llamó Pangea («toda la Tierra», en griego), y en 1926 presentó en Nueva York una serie de pruebas que lo demostraban. Si los continentes habían estado juntos y ahora había océanos de por medio, algo tuvo que moverse.

La primera prueba era que al observar los mapas de la Tierra, las costas de los continentes encajaban de alguna manera. ¿No era mucha coincidencia que en masas continentales tan alejadas entre sí hubiese un encaje tan perfecto? Sobre todo en el caso de la costa de Sudamérica y África, que encajan como una pieza de puzle.

Y no solo eso, sino que a ambos lados del océano, los tipos de roca y las estructuras geológicas como las cadenas montañosas tenían una continuidad en zonas que parecían haber estado juntas. Si existía tal correlación, ¿no sería también posible pensar que habían estado juntas en algún momento?

Wegener también se dio cuenta de que cuando estudiaba los sedimentos formados en antiguas glaciaciones, estos se encontraban en lugares hoy muy alejados de los polos, como la India, Australia o Madagascar, pero que si volvía hacia atrás y juntaba los continentes, los restos de estas glaciaciones también encajaban. De otra manera hubiese sido muy difícil explicar que todos los continentes hubiesen estado en los polos al mismo tiempo.

Y, por último, estaban los fósiles. ¿Cómo era posible que determinadas especies iguales de animales y plantas hubiesen existido en diferentes continentes si estos no estaban en contacto y, por supuesto, no podían haberse cruzado nadando? Hoy vemos diferentes especies en distintos continentes debido al aislamiento geográfico (por ejemplo, los canguros en Australia), pero eso no ocurría en el registro fósil del Paleozoico y principios del Mesozoico. La única manera que tenía Wegener de explicar esto era mediante la existencia del supercontinente Pangea, por el que los animales podrían haberse movido libremente sin necesidad de atravesar los actuales océanos.

Pero las teorías de Wegener no fueron para nada bien recibidas, ya que aunque tenía estas pruebas del movimiento de los continentes que hoy nos parecen tan evidentes, desconocía por completo el mecanismo por el que se habían separado y desplazado a otras posiciones. Murió cuatro años después sin ver confirmada su teoría.

No fue hasta la segunda guerra mundial cuando la tecnología había avanzado lo suficiente como para poder estudiarse los fondos de los océanos con detalle, algo fundamental para la navegación de los submarinos en tiempos de guerra. Al cruzar el océano Atlántico, los barcos que iban cartografiando las profundidades se dieron cuenta de que más o menos a mitad de camino entre América y África había como unas cordilleras submarinas que se elevaban a más de dos mil metros sobre el fondo del océano. El caso es que en todos los océanos aparecían estas cordilleras, aunque en distinta posición. ¿De dónde salían estas montañas y qué nos quería decir su existencia?

El geólogo estadounidense Harry Hess se dio cuenta en la década de los cincuenta que conforme nos alejábamos del continente y nos acercábamos a estas cordilleras, los sedimentos que se iban depositando tenían cada vez menos espesor, hasta el punto de que apenas existían en las inmediaciones de las cordilleras. Esto le llevó a la conclusión de que para que esto ocurra, el fondo de los océanos tiene que estar creciendo desde la zona de estas cordilleras submarinas, porque, de lo contrario, los sedimentos se hubiesen acumulado de una manera similar en todo el fondo del océano. Ya en la década de los sesenta dedujo que en estas zonas montañosas, que ahora llamamos «dorsales oceánicas», debía de estar saliendo el magma del interior de la Tierra. Esta salida generaba un empuje hacia fuera, como si hiciera palanca, y hacía crecer el fondo de los océanos en un fenómeno denominado «expansión del fondo oceánico».

Este fenómeno empezó a demostrarse en esa misma década, cuando los geólogos instalaron magnetómetros, instrumentos que permiten medir la intensidad del campo magnético, a bordo de barcos oceanográficos capaces de cruzar los océanos. Estas primeras expediciones descubrieron que las variaciones del campo magnético iban alternándose con la distancia al centro de la dorsal. Había tramos donde se detectaba un campo magnético fuerte, intercalados con otros periodos donde este era más débil, y estos tramos se repetían de la misma manera a uno y otro lado de la dorsal, como si se reflejasen en

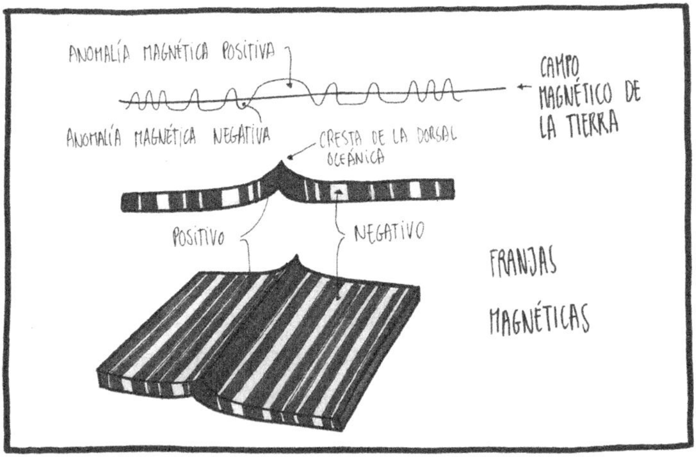

un espejo. Esto quería decir que las rocas que constituían el fondo de los océanos se habían formado en momentos diferentes, y que el magnetismo de estas rocas era un reflejo de los cambios en el campo magnético terrestre en el momento de la formación de estas rocas. Los minerales magnéticos (ricos en hierro) de las rocas ígneas que salen del centro de las dorsales se alinean con el campo magnético que existe en el momento en que comienzan a enfriarse.

La deriva continental de Wegener, junto con el descubrimiento de la expansión del fondo oceánico, supuso una verdadera revolución en la geología durante las décadas de los sesenta y setenta, ya que invalidaba directamente una gran cantidad de teorías sobre el funcionamiento de nuestro planeta, que postulaban en su mayoría que la Tierra había permanecido inmóvil a lo largo del tiempo geológico. Con estos dos descubrimientos podemos decir que se sentaron las primeras bases de la tectónica de placas, la teoría que actualmente explica la dinámica de nuestro planeta.

La superficie terrestre se encuentra dividida en placas litosféricas frágiles que se mueven las unas con respecto a las otras sobre la astenosfera, una zona plástica y en constante movimiento. Estas placas tienen sus límites marcados, aunque hay algunos que todavía hoy día consideramos difusos y algo más complejos. La velocidad de movimiento de las placas puede llegar en algunos casos a los quince centímetros por año; tal vez esto no parezca mucho en términos humanos, pero sí lo es en el contexto del tiempo geológico.

Sabemos que hay límites constructivos (o «límites divergentes») donde crece la corteza y que son los fondos oceánicos. Pero dado que la Tierra no aumenta de tamaño, si crece la corteza, tiene que haber lugares donde se destruya: esos son los «límites convergentes». Por último, tenemos un tipo de lími-

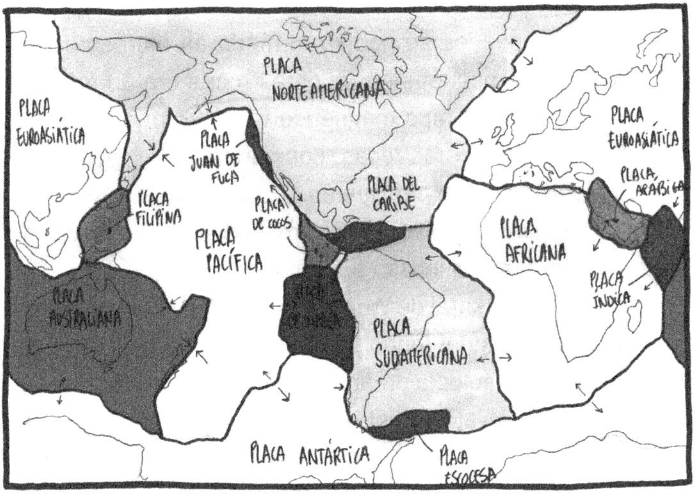

te denominado «transformante», en el que ni se crea ni se destruye corteza, sino que simplemente se desplaza una placa con respecto a la otra en el plano horizontal. El desarrollo de la sismología en el siglo XX también nos permitió saber que precisamente la mayor actividad sísmica (y volcánica) marca los límites de las placas.

En los límites divergentes se forma litosfera oceánica. Estos se encuentran principalmente en las dorsales oceánicas, aunque también pueden aparecer en la corteza continental, como está ocurriendo en África en la zona del Rift, donde quizá dentro de un par de millones de años se origine un nuevo océano, de forma parecida a como está ocurriendo en el mar Rojo.

En los límites convergentes, dos placas colisionan entre sí. Una de ellas tiene que destruirse en un fenómeno que conocemos como «subducción», donde una placa comienza a hundirse por debajo de la otra. Normalmente ocurre cuando la corteza oceánica, más densa, colisiona con la continental, menos

DATO CURIOSO

¿Por qué confundimos las magnitudes de los terremotos?

Cuando ocurre un terremoto, es probable que en los medios de comunicación oigamos que ha sido de equis grados. En realidad, muchas veces confundimos las escalas a la hora de medir los terremotos, especialmente en la prensa.

Hay dos formas de medir un terremoto. En primer lugar, puede medirse la energía que libera, para la que hay diferentes escalas, como la de Richter, que es la más conocida, aunque está ya en desuso. No se mide en grados, sino que es un número. Para hablar de la magnitud de un terremoto podemos decir únicamente: «Ha ocurrido un terremoto de magnitud ocho», pero sería incorrecto decir, como muchas veces oímos «Ha ocurrido un terremoto de ocho grados».

En segundo lugar, puede medirse por sus efectos. Estas escalas sí vienen graduadas, y miden los efectos de los terremotos sobre las construcciones y el terreno. Cuando ocurre un terremoto, los servicios geológicos habilitan un cuestionario para que aquellas personas que lo hayan sentido puedan contestar a una serie de preguntas y así calcular la intensidad. En España se usa la Escala de Intensidad Macrosísmica, que consta de doce grados. A diferencia de la magnitud, la intensidad varía de punto a punto de la superficie donde se haya sentido, siendo habitualmente menor cuanto más lejos esté del epicentro del terremoto, que es el lugar de la superficie terrestre justo encima de donde ha ocurrido el terremoto, aunque no siempre es así.

densa, y este contraste de densidad hace que se hunda preferentemente la oceánica. En estos límites convergentes suele darse una gran actividad sísmica y volcánica. De hecho, los mayores terremotos suelen estar asociados a este tipo de márgenes, ya que el movimiento de una placa con respecto a la otra no es suave, ni continuo, y a veces las asperezas que puedan existir en las placas pueden hacer que todo el sistema se bloquee, con lo cual se acumula energía y se desencadena un terremoto de más magnitud. Este tipo de límite también se relaciona con la formación de cadenas montañosas y de arcos de islas volcánicos.

Los límites transformantes sirven para aliviar la tensión mediante movimientos laterales de la litosfera, desplazando bloques enteros en el plano horizontal. Este tipo de límites pueden darse tanto en la litosfera oceánica como en la continental, y no hay ni creación ni destrucción de la litosfera.

Antes decíamos que la mayoría de la actividad volcánica y sísmica ocurría en los límites de placa, pero no siempre es así. En ocasiones, en mitad de las distintas placas pueden aparecer fenómenos que denominamos «puntos calientes», que son lugares por donde asciende el magma desde el

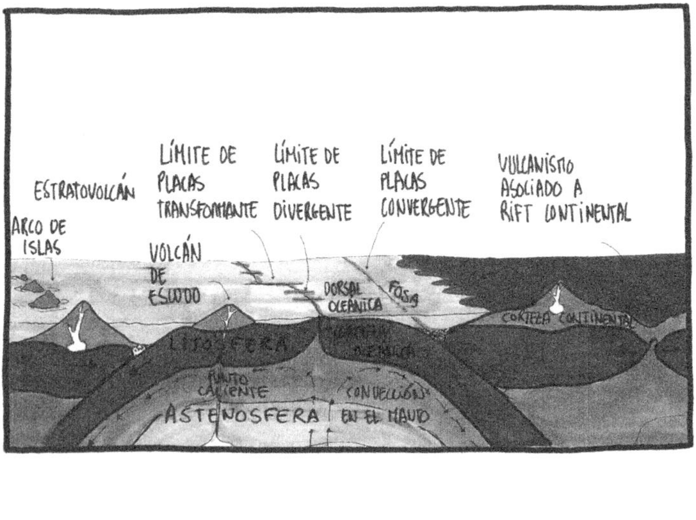

manto directamente hasta la base de la litosfera, pudiendo atravesarla y generar fenómenos volcánicos. En los océanos, este tipo de fenómenos suelen ser responsables de crear archipiélagos volcánicos (como las islas Hawái), pero en los continentes también son responsables de crear zonas volcánicas tan importantes como la de Yellowstone.

Lo cierto es que no tenemos muy claro cuándo empezó la tectónica de placas por primera vez en nuestro planeta, ya que las rocas antiguas han sido procesadas y destruidas en su mayoría, de tal manera que es difícil acceder a esa información. Pero, seguramente, fue durante el Precámbrico. La mayoría de los científicos opina que los primeros pulsos de la tectónica de placas ocurrieron entre hace tres mil y cuatro mil millones de años, cuando la Tierra estaba lo suficientemente fría como para fragmentarse en las placas litosféricas, comenzar su movimiento y empezar a experimentar una subducción, dando origen a este ciclo que conocemos hoy día.

Pudo existir un ciclo anterior a la tectónica de placas, pero seguramente sería muy diferente al que conocemos en la actualidad. Sin embargo, es probable que nunca tengamos acceso a ese ciclo porque todas las rocas han sido recicladas.

¿Qué es lo que fragmentó la corteza? ¿Fueron los movimientos de la astenosfera, entonces más caliente? ¿O pudieron ser los impactos de asteroides los responsables de una primera fragmentación en placas? A pesar de conocer relativamente bien el mecanismo y el funcionamiento de la tectónica de placas, todavía nos quedan muchas preguntas por responder sobre esta. Y quizá no las podamos responder observando nuestro entorno cercano, ya que parece que en ninguno de los planetas interiores se ha dado como en la Tierra.

LAS GRANDES GLACIACIONES

Hace unos setecientos diecisiete millones de años, algo cambió bruscamente en la Tierra. En apenas unos pocos miles de años, como máximo cien mil, nuestro planeta se congeló por completo. Entró de lleno en un periodo de glaciación global que lo transformó en una gigantesca «bola de nieve».

Durante cincuenta millones de años, nuestro planeta se encontró cubierto por el hielo, probablemente por completo. Sin embargo, debido a la falta de registro rocoso, no sabemos si en este periodo se fueron intercalando momentos cálidos que diesen una tregua, o si la Tierra fue continuamente una bola de nieve. Lo cierto es que hoy día no tenemos muy claro por qué ocurrió algo así. Probablemente, la combinación de varios factores geológicos provocó una alteración climática a nivel global.

El primero de los factores es que la mayoría de las masas continentales se encontraban en ese momento cerca del ecuador. Como los continentes tienen un color más claro que el océano, lejos de absorber más calor, reflejaban mejor el calor hacia el espacio que el océano, lo cual provocaba una bajada de las temperaturas. Puesto que las lluvias son más abundantes en el ecuador, el agua de lluvia, junto con el dióxido de carbono del aire, reaccionaba químicamente con las rocas. A su vez, este dióxido de carbono acababa formando parte de otros minerales, retirándose de la atmósfera y terminando en los suelos o en el mar, con lo que al eliminar este gas de efecto invernadero de la atmósfera, la temperatura también descendía.

Conforme las temperaturas iban bajando más, el hielo iba creciendo de los polos hacia el ecuador. Los científicos afirman que una vez que el hielo llega a latitudes de aproximadamente treinta grados (similares a la latitud en que se encuentra el archipiélago canario), se produce un círculo vicioso que se retroalimenta: el hielo, de color blanco, refleja aún más luz que los continentes, lo cual contribuye más al descenso de las temperaturas y provoca a su vez un mayor crecimiento de las capas de hielo ya existentes.

Y no solo eso. Muy recientemente, un equipo de científicos ha conseguido datar una gigantesca erupción volcánica cuyos restos cubren parte del estado de Alaska, del Norte de Canadá y de Groenlandia, y que coincide con el inicio de este evento frío. De hecho, las coladas de lava miden en torno a los tres mil kilómetros, para que nos hagamos una idea de sus gigantescas dimensiones. Cuando empezó esta erupción volcánica, estos volcanes se encontraban en el ecuador. Posiblemente, la Tierra ya había comenzado a enfriarse, por lo que el aire frío de nuestro planeta permitió que los gases de las erupciones volcánicas, mucho más calientes que el aire de la atmósfera, ascendiesen rápidamente hacia capas más altas. Fueron sobre todo las partículas finas de ceniza, capaces de reflejar una gran cantidad de luz hacia el espacio, y el dióxido de azufre liberado por la erupción, que captura de una manera eficiente el calor, los que

ayudaron a bajar aún más las temperaturas, ya que estas partículas y estos gases pudieron estar quizá durante meses o años en la atmósfera sin caer de nuevo.

Después de esta glaciación, la Tierra se recuperó y volvió a un periodo cálido. Pero entre los 650 y 635 millones de años tuvo lugar un nuevo episodio más breve en el que se transformó en una «bola de nieve».

Todos los factores anteriores se confabularon para que nuestro planeta se convirtiese en un mundo gélido. Pero las consecuencias fueron más allá. Un estudio reciente sugiere que los episodios en que la Tierra ha sufrido glaciaciones globales sirvieron para borrar una gran parte de su registro rocoso. La acción de los hielos sobre la corteza erosionó páginas y páginas de la historia terrestre, sobre todo las anteriores a esta gran glaciación. Probablemente a causa de esto, los continentes perdieron entre tres y cinco kilómetros de roca de la corteza, como si el hielo hubiese excavado como una gigantesca pala, por lo que habrá periodos en los que encontremos una escasa representación en el registro rocoso.

Debido a las bajas temperaturas, el dióxido de carbono no podía reaccionar con las rocas de una manera eficiente, si es que había rocas por encima del hielo, y se iba acumulando en la atmósfera. Al alcanzar una concentración unas trescientos veces superior a la actual, comenzaría a acumular el calor suficiente y a crear un efecto invernadero capaz de fundir las capas de hielo, al menos en las zonas más ecuatoriales. Entonces el océano iría absorbiendo y acumulando también calor. Pero conforme el hielo se iba retirando de los continentes y la temperatura iba subiendo, el dióxido de carbono volvía a reaccionar con las rocas y formaría de nuevo minerales o se acumularía en el océano. De nuevo, esto pudo desencadenar una segunda bola de nieve, que es la que observamos tras el primer episodio.

Sin embargo, no todo fue malo. La erosión de los continentes llevó a los océanos gran cantidad de nutrientes que provocaron un nuevo resurgir de la vida, que muy probablemente tuvo que sobrevivir en ambientes restringidos, protegidos del frío exterior. Y tras estas glaciaciones aparecieron organismos más grandes y complejos, por lo que es posible que la presión que ejercieron sobre la vida estos episodios gélidos forzase de alguna manera la evolución de los organismos, entre ellos los primeros animales.

CAPÍTULO 4

EL PALEOZOICO

Con la era paleozoica se da comienzo también al eón fanerozoico, el último de los eones; los eones son las divisiones formales más grandes de la escala del tiempo geológico. En esta era se encuentran todas las demás de las que vamos a hablar hasta el final del libro.

Precisamente el nombre de este eón tiene mucha importancia, ya que significa «vida visible» o «vida evidente», porque es en este momento de la historia de la Tierra cuando los fósiles comenzaban a ser más abundantes y visibles en el registro fósil. En cambio, el eón anterior se llamaba proterozoico, «vida antigua», aunque hoy sabemos que lo más probable es que la vida apareciera incluso en el eón anterior.

A principios del siglo XIX, algunos científicos pensaban que la vida había aparecido por primera vez en el Fanerozoico. Sin embargo, lo que ocurría en realidad era que simplemente aún no se habían descubierto fósiles de formas de vida anteriores al Fanerozoico. Aunque ya se habían descubierto fósiles de la fauna de Ediacara a finales del siglo XIX, no se interpretaron como fósiles hasta casi la década de los sesenta del siglo XX debido a sus extrañas formas.

Es cierto que en el Cámbrico, el primer periodo del Paleozoico, se produjo uno de los eventos evolutivos más importantes de la historia de la vida terrestre, la explosión del Cámbrico, donde aparecieron una gran diversidad de organismos.

Y eso llevó a los científicos del siglo XIX y principios del XX a pensar erróneamente que la vida podría haberse originado en ese momento, aunque esas teorías tenían serias dificultades para sostenerse, ya que era difícil explicar la aparición de unas formas de vida tan complejas si no existían otras anteriores.

El clima del Paleozoico es relativamente variable. El Cámbrico comienza con unas temperaturas cálidas, que caen a finales del Ordovícico para recuperarse a mediados del Devónico. Después volverán a caer durante el Carbonífero, un hecho que explicaremos más adelante y que casi supone un grave problema para la vida en nuestro planeta. Y poco a poco se irán recuperando las temperaturas durante el Pérmico.

Las oscilaciones climáticas durante el Paleozoico vienen marcadas, especialmente las frías, por momentos en los que ocurren colisiones entre las distintas placas o continentes. Estas colisiones forman cadenas montañosas que, por su altura, pueden alterar los patrones climáticos. Además, ayudan a capturar parte del CO_2, ya que el crecimiento de las montañas provoca que haya una erosión y una alteración más intensas de las rocas, capturando parte del CO_2 al formar otros minerales, o al llegar a los océanos, donde será absorbida una gran parte del CO_2, retirándose de la atmósfera y dando lugar a una bajada de las temperaturas. También la existencia de las montañas por sí solas puede explicar la bajada térmica, ya que en las zonas más altas, la nieve permite que se refleje la luz de nuevo hacia el espacio, y evita que se caliente la Tierra. Además, en el Paleozoico vemos también pulsos intensos de vulcanismo que ayudan a mantener el nivel de dióxido de carbono atmosférico, que al principio se encontraba entre unas diez-veinte veces los valores actuales, aunque entre el Carbonífero y el Pérmico se llegaron a valores similares a los actuales.

Al inicio del Cámbrico, las masas continentales se encuentran divididas de la siguiente manera: existe un gran continente que prácticamente contiene toda la superficie emergida, denominado Gondwana, y varios continentes más pequeños, como Báltica y Laurentia. Estas piezas se formaron principalmente tras la ruptura de Rodinia, otro supercontinente que existió hace unos mil cien millones de años, y empezó a romperse hace alrededor de ochocientos.

La era paleozoica concluirá con la formación de otro supercontinente, Pangea, del que hablábamos también cuando explicábamos el origen de la tectónica de placas. Quizá sea el más conocido de todos porque es el más próximo a nosotros en el tiempo. Precisamente, la formación de Pangea tiene una gran influencia en el clima paleozoico.

A pesar de todas estas vicisitudes, de las extinciones y de los periodos glaciales, el Paleozoico será la época en que se conquista la Tierra firme. Esta pierde los colores terrosos para transformarse en un planeta verde donde la vida se abrirá paso.

LA GLACIACIÓN DEL ORDOVÍCICO-SILÚRICO Y EL ORIGEN DE LAS PLANTAS TERRESTRES

De los cinco grandes eventos de extinción ocurridos en nuestro planeta, tres de ellos ocurren durante el Paleozoico. Uno de ellos, acontecido en el límite Ordovícico-Silúrico, es el segundo en importancia, y todo apunta a que las plantas podrían haber tenido parte de la culpa.

Hasta hace unos cuatrocientos setenta millones de años, en pleno Ordovícico, no encontramos los primeros fósiles de plantas terrestres, concretamente esporas y paredes celulares que resistieron el paso del tiempo. Seguramente, estas primeras plantas estaban emparentadas con el musgo y las plantas hepáticas.

Curiosamente, hace unos quinientos treinta millones de años, sesenta años antes de la aparición de las plantas, hay rastros de vida en la Tierra. Se trata de huellas de actividad que apuntan a pequeños animales que podrían haber empezado a salir del agua para alimentarse de algunas plantas, aunque todavía no hayamos encontrado restos de estas plantas tan atrás en el tiempo.

Unos treinta millones de años después de la aparición de las primeras plantas sobre la Tierra se desencadena un periodo glacial... ¿Tendrá eso alguna relación? Los estudios más recientes sugieren que, aunque las primeras plantas carecían de grandes sistemas de raíces, sí tenían una gran capacidad de alterar las rocas mediante la segregación de ácidos, con lo cual debilitarían la roca y permitirían que el agua interactuara con esta de una manera más efectiva. Esto provocaría que el dióxido de carbono de la atmósfera alterara las rocas, formando minerales carbonatados, y se retirara de la atmósfera. Con ello, de repente, los nive-

GONDWANA
CÁMBRICO INFERIOR
(HACE 541 m.a.)

les de este gas caerían aproximadamente hasta unas ocho veces respecto de los actuales, que en la Tierra paleozoica eran niveles lo suficientemente bajos como para provocar una glaciación, así como para aniquilar a las especies más adaptadas a las temperaturas cálidas del Ordovícico.

Durante este periodo se pudo formar un gran casquete glacial incluso sobre Gondwana, ya que ocupaba una posición muy próxima al Polo Sur. Todo este hielo sobre tierra firme provocaría una bajada generalizada del nivel del mar, ya que toda esa agua pasó a formar parte de las tierras emergidas, y no ocupaba volumen en el mar. Eso provocaría la destrucción de parte de los ecosistemas marinos menos profundos.

Pero no solo eso. A su vez, estas plantas eran capaces de liberar el fósforo presente en los minerales de la roca, que con las lluvias llegaría a los mares y los océanos. Al ser un buen nutriente, pudo provocar una gran proliferación de algas a su llegada al mar. Y los animales que se alimentaban de algas acabarían agotando el oxígeno del agua, lo cual dejaría zonas con poco oxígeno en los océanos donde morirían muchos animales. Sin embargo, esta no sería la primera vez que la vida se confabula en el Paleozoico para acabar con todo.

EL RETO DE FOSILIZAR

Hasta el momento no hemos hablado prácticamente nada del fenómeno de la fosilización, ese proceso que convierte a los seres vivos en los fósiles que vemos en los museos y que nos permite conocer cómo era la vida en el pasado. Para seros sincero, fosilizar no es nada fácil. De hecho, solo una minoría de los organismos que han poblado nuestro planeta han tenido la suerte de pasar a la posteridad geológica.

Si ahora mismo os preguntara si habéis visto alguna vez el fósil de una medusa, probablemente la mayoría me diría que no. Pero si os pregunto por el esqueleto de un dinosaurio, ¿quién no ha visto alguno, aunque sea en una fotografía? Esto, que puede parecer una pregunta bastante tonta, tiene un gran significado en lo que sabemos de la vida.

Los procesos que llevan a la fosilización de los organismos tienen algún tipo de preferencia por los cuerpos que tienen partes duras frente a los que solo tienen partes blandas. Eso no quiere decir que no haya fósiles de medusas (que los hay), sino que para que lleguen fósiles de estos organismos, o de cualquier otro que se os ocurra que no tenga huesos, dientes, caparazón o cualquier otra parte dura, tienen que darse una serie de condiciones realmente excepcionales.

Pero imaginaos si queremos ir un poco más atrás y buscar el origen de la vida. Probablemente nunca encontremos fósiles de los primeros organismos, unicelulares y bien blanditos. Esto responde a que el registro rocoso es más escaso conforme nos alejamos de la actualidad, y a que las condiciones que se requieren para su conservación han tenido que ser muy particulares.

Esto no quiere decir que la batalla esté perdida a la hora de reconstruir el árbol de la vida, ni mucho menos. Es cierto, y repito, que hay un sesgo de conservación a favor de los organismos con partes duras o mineralizadas. Vamos, que un berberecho tiene más posibilidades de conservarse que una lechuga, pero ambos podrán pasar a la posteridad geológica. Además, el berberecho, por el hecho de vivir en el mar, tiene mayores posibilidades de fosilizar, ya que está en un sitio donde podrán depositarse más capas de sedimentos encima, y se cubrirá rápidamente. Si el berberecho, por ejemplo, viviese en la cima de una montaña, tendría muy pocas posibilidades de fosilizar. Me explico: tras la muerte del berberecho, este tendría que caer en un sitio donde se pudiera depositar y quedar preservado. Para eso tendría que caer ladera abajo, sufriendo un importante desgaste, golpeándose y rozándose con las rocas. Quizá solo los berberechos con la concha más dura, o los que tuviesen la suerte de caer en una corriente de agua que los transportase rápidamente hacia un sitio en el que se depositaran finalmente tendrían la suerte de fosilizar. El resto tendría serias dificultades para pasar al registro fósil.

Y es que las partes blandas suelen descomponerse con mucha facilidad, especialmente en lugares donde hay abundancia de oxígeno, como en la superficie de nuestro planeta. Si a esto le sumamos que muchos organismos más grandes y pequeños pueden alimentarse de estos restos, más el propio desgaste físico que pueden sufrir por cualquier tipo de movimiento, tenemos un problema de conservación.

No obstante, siempre hay un pero. El caso es que si miramos los fósiles disponibles, encontramos numerosos organismos blandos bien preservados. ¿Cómo es posible? Os lo diré con tan solo una palabra alemana: «*Lagerstätte*». Ese término se refiere a los yacimientos de fósiles con una preservación excepcional, tanto de organismos de partes blandas como de organismos completos. ¿Qué es lo que ha provocado que existan este tipo de yacimientos? Ahora mismo no lo sabemos con certeza, pero hay muchas posibilidades.

Por un lado, puede producirse un rápido enterramiento de los organismos que reduzca el tiempo de descomposición y los aleje de otros organismos que puedan usarlos como alimento. Esto ocurre en caso de eventos «catastróficos» y rápidos, como erupciones volcánicas, avalanchas e inundaciones. Cuando vemos insectos o animales pequeños atrapados en el ámbar, puede considerarse un evento rápido, ya que cuando quedan

capturados dentro de la resina, se aíslan del mundo exterior y pueden conservarse bien. Algo más difícil será que la resina se convierta en ámbar, del que hablaremos más tarde, cuya primera aparición en el registro fósil se remonta a finales del Carbonífero.

Por otro lado, el material en que queda enterrado el organismo también puede servir de ayuda. Si quedara atrapado en un material más fino, estaría mejor protegido del oxígeno, así como de otros organismos. Si el material fuera muy grueso, el oxígeno podría colarse fácilmente entre los huecos, provocando una degradación más rápida de los tejidos biológicos.

Quizá la composición de los granos que cubren el organismo tras su muerte tendría un efecto protector, como si fuera una especie de antibiótico o repelente que protegiera al organismo de posibles bacterias que lo descompusieran. O puede que sea la combinación de todos estos factores lo que permita que haya fosilizaciones excepcionales. En algunos casos, probablemente, tengamos que tirar la toalla y no seremos capaces de encontrar absolutamente nada. Pero incluso en esos casos más difíciles, podemos intentar averiguar si en unas determinadas rocas hay algún tipo de traza química que nos indique la presencia de vida.

Sin embargo, la paleontología no solo vive de fósiles excepcionales, y los que encontramos pueden englobarse en las siguientes categorías:

Trazas fósiles. Son las evidencias indirectas de la existencia de cualquier organismo. En el caso de que sean animales, suelen reflejar su comportamiento e incluso qué estaban haciendo en el momento de dejar esas trazas. Por ejemplo, más arriba hablábamos de que hace unos quinientos treinta millones de años se habían descubierto las primeras trazas de movimiento animal sobre la superficie de la Tierra, incluso antes que fósiles de plantas; esto sería un ejemplo de traza fósil.

Este tipo de fósiles tiene un problema muy importante, y es que a menudo no incluyen el organismo responsable de las trazas. Dado que solo nos queda el relleno de las galerías o las huellas, muchas veces nos resulta complicado asignar a qué corresponde el fósil.

También se consideran trazas fósiles los coprolitos, heces fósiles de las que podemos extraer una gran cantidad de información sobre la alimentación de los animales, y los gastrolitos, rocas que ingieren los animales para ayudarlos a triturar los alimentos. Hoy día, algunos cocodrilos, aves e incluso cetáceos tienen este tipo de comportamiento. Los dinosaurios también eran consumidores habituales de estos gastrolitos.

Carbonización. Este modo de fosilización es la estrella de este capítulo, y ocurre principalmente con insectos y plantas. Cuando estos mueren y son sepultados a gran presión y temperatura bajo miles de metros de sedimentos, la materia orgánica pierde los elementos más volátiles como el hidrógeno, el nitrógeno y el oxígeno, dejando atrás prácticamente solo el carbono. Este tipo de preservación permite obtener a veces fósiles tan buenos que incluso podemos estudiar la estructura de las células.

Sustitución o reemplazo. Este tipo de fósiles se da cuando el organismo original es reemplazado por otros materiales o minerales. Si se disuelve la parte dura y queda el hueco, pueden formarse moldes. Serán externos si lo que se preserva es la parte externa, e internos si lo que se preserva es la interna.

Recristalización. Los minerales que forman el fósil adquieren otra estructura, más estable en las nuevas condiciones. Esto suele ocurrir cuando han sufrido grandes presiones. Muchas veces es difícil saber si un fósil ha pasado por esta etapa, porque a veces las recristalizaciones son muy finas.

Permineralización. Los minerales se depositan en los huecos o poros del organismo, incluso en el interior de sus células, a veces de una manera extraordinaria. Esto nos permite estudiar los fósiles en detalle.

Preservación directa o restos sin alterar. Esta es la fosilización más rara de todas, pero ocurre. La encontramos dentro del ámbar, o en los animales que han caído en pozos de brea, lugares por donde salen a la superficie petróleos y otros hidrocarburos. Los restos se preservan de un modo excepcional debido al entorno sin oxígeno presente en estos medios. Estos tipos de fosilización funcionan muy bien en las partes blandas de los organismos, pero a veces también podemos encontrar restos sin alterar, como huesos o dentición, que durante miles o millones de años han permanecido estables sin sufrir ningún cambio.

CUANDO CASI NOS VOLVEMOS A CONGELAR (DE NUEVO)

Si hay un periodo pretérito de la historia de nuestro planeta en el que podríamos decir que la tierra firme se empezaba ya a parecer bastante a la actual, sería el Carbonífero, puesto que había grandes bosques, insectos terrestres y animales sobre tierra firme, especialmente anfibios y reptiles, algunos bastante grandes. Y seguro que todos habéis oído hablar del Carbonífero más de una vez, ya que es el periodo en el que se formaron la mayoría de los depósitos de carbón, que llevamos explotando más de seis mil años para mover barcos de vapor o simplemente para encender una barbacoa.

Pero, de nuevo, la historia de la vida estuvo a punto de sufrir un gran revés. De haber ocurrido, no estaríamos aquí. ¿Os acordáis de los fenómenos de «bola de nieve» de los que hablábamos en el capítulo anterior? Pues durante el Carbonífero estuvieron a punto de ocurrir dos veces... ¡por culpa de las plantas!

¿Cómo pudimos estar tan cerca de una Tierra convertida en una bola de nieve? Muy sencillo. Las plantas necesitan el dióxido de carbono de la atmósfera para poder alimentarse y seguir creciendo. Como, en este momento, la Tierra emergida estaba ocupada por grandes bosques, estas plantas y árboles comenzaron a tomar de la atmósfera una gran cantidad de dióxido de carbono.

Al menos durante la primera parte del Carbonífero, el nivel del mar era muy alto debido a que las elevadas temperaturas

del planeta no dejaban que hubiera grandes casquetes polares. Esto hizo que muchos ecosistemas boscosos estuviesen en realidad sobre aguas saladas y salobres que invadían las partes más bajas de los continentes. Conforme la vegetación moría, empezaba a caer sobre el agua y a hundirse. Posteriormente, los sedimentos arrastrados por las lluvias cubrirían esta materia orgánica y dificultarían su descomposición. Esto provocaba que todo el carbono acumulado en las plantas no volviese a la atmósfera, sino que se enterrara y comenzara a formar parte del registro rocoso, transformándose posteriormente en carbón. Así, el ciclo de vida y muerte de las plantas en este ambiente estaba provocando una situación de enfriamiento global, que ni la actividad volcánica de la época era capaz de revertir.

Otra casualidad, quizá relacionada también con este desarrollo de los bosques, fue el aumento de los niveles de oxígeno. Esto ayudó aún más a bajar las temperaturas globales, ya que el oxígeno hace de pantalla contra parte de la radiación solar, devolviéndola al espacio.

Los niveles de dióxido de carbono atmosféricos cayeron dos veces por debajo de las cuarenta partes por millón, diez veces menos que la concentración actual, y estuvieron al límite de provocar una glaciación global. De hecho, los científicos no saben realmente qué nos salvó de haber sufrido este destino. Quizá los niveles de dióxido de carbono cayeron muy rápidamente y se recuperaron también muy rápidamente, o quizá bajó el ritmo de crecimiento de las plantas por algún factor desconocido.

Hoy precisamente nos enfrentamos al caso contrario. La quema de los combustibles fósiles devuelve a la atmósfera el carbono que las plantas acumularon durante millones de años. Eso provoca un rápido aumento de los niveles de dióxido de carbono y puede desencadenar lo contrario a lo que ocurrió en el Carbonífero: un planeta invernadero.

DATO CURIOSO

¿Por qué son salados los mares y los océanos?

Una cosa muy llamativa de la Tierra es que mientras que los ríos y muchos lagos son de agua dulce, los océanos y los mares son salados. Muy probablemente, los primeros océanos de nuestro planeta fueron de un agua bastante dulce. Pero con el paso del tiempo fueron adquiriendo la salinidad que tienen hoy día.

¿Cómo pudo ocurrir esto? Por un lado, la erosión de los continentes y la alteración de las rocas hace que el agua de los ríos lleve una pequeña cantidad de sales a los mares donde desembocan. Cuando se evapora el agua del mar hacia la atmósfera, esta agua no se lleva consigo las sales, sino que estas se quedan en el mar. ¿Por qué, entonces, a pesar de seguir entrando sales a los mares, estos no incrementan su contenido a lo largo del tiempo? Parte de la sal acaba «saliendo» del agua, al acabar formando parte de los sedimentos que se depositan en el fondo de los mares y los océanos, y de ahí que el agua permanezca con una salinidad más o menos estable.

LA ERA DEL CARBÓN

La mayor parte del carbón que se ha formado en nuestro planeta proviene del periodo Carbonífero; de ahí su nombre. También durante el Mesozoico hubo importantes depósitos de carbón, pero ninguno tan extenso como los anteriores.

Debido al elevado nivel del mar en el Carbonífero, las zonas más próximas a la costa y con poca pendiente estaban totalmente inundadas, lo cual dio lugar a los bosques de agua salobre. Estos árboles y plantas morirían y serían reemplazados por otros, y sus restos caerían al agua.

A veces lo que ocurría es que en momentos del Carbonífero en que el nivel del mar estaba bajo había bosques cerca de la costa, y estos bosques tenían restos de vegetación muerta en el suelo. Cuando subía el nivel del mar, inundaba la zona y el agua cubría estos restos vegetales.

En ambos casos, el aporte de sedimentos desde las zonas más altas haría que las capas de vegetales muertos se intercalasen con capas de arenas, arcillas y otros minerales. A veces, esto ayudaría a preservar mejor la materia vegetal y darle las condiciones de presión necesarias para transformarse en carbón.

Una vez enterrados los restos vegetales, la ausencia de oxígeno producida por el enterramiento permite que las bacterias anaerobias comiencen a descomponer la materia, transformando los restos vegetales en turba. El peso, además, va provocando que poco a poco se vaya hundiendo el suelo, haciendo que quepan cada vez más sedimentos y vegetación en estos lugares. Si aumentamos la presión en la turba (por ejemplo, colocando sobre ella más materia vegetal y sedimentos), esta puede comenzar a transformarse en lignito, el carbón de menor calidad. En estos momentos, los elementos más volátiles

de la turba, como el oxígeno o el hidrógeno, comienzan a ser expulsados. En ese momento, la turba se compone de un 60 a 70 % de carbono.

Si aumentamos más la presión y la temperatura, este lignito puede transformarse en un carbón bituminoso. Se enriquecerá en carbono, pero a cambio perderá más elementos volátiles. El carbón bituminoso ya no suele llevar restos reconocibles de plantas.

Por último, si aumentamos aún más la presión y la temperatura, el carbón puede madurar más y llegar a transformarse en antracita, cuyo contenido en carbono supera el 90 %. Su dureza y la dificultad para encenderse hicieron que tuviese un uso restringido al principio de la revolución industrial.

Uno de los grandes problemas del carbón es precisamente su contribución al calentamiento global. Su quema produce una gran cantidad de gases de efecto invernadero, especialmente el dióxido de carbono. También libera azufre, que en contacto con las nubes puede provocar fenómenos de lluvia ácida. Y, además, contiene impurezas de mercurio, arsénico, e incluso selenio y germanio, que pueden provocar grandes problemas ambientales y de salud pública, ya que son elementos altamente tóxicos.

EL CICLO DE LOS SUPERCONTINENTES Y LA FORMACIÓN DE PANGEA

Como vimos en el capítulo anterior, los continentes evolucionan con nuestro planeta. A veces se encuentran en la posición actual, formando distintas masas de tierra separadas por océanos. En otros momentos, en cambio, se unen para formar lo que denominamos supercontinentes, la unión de la mayor parte de las masas terrestres emergidas de la Tierra. A este ciclo continuo de creación y destrucción de supercontinentes lo denominamos «ciclo de los supercontinentes», y tiene cada vez más peso en los estudios sobre nuestro planeta, ya que estos ciclos tienen un efecto muy importante sobre la vida terrestre, al cambiar las condiciones climáticas y ambientales de la atmósfera, la superficie e incluso el fondo de los océanos.

El primer supercontinente del que tenemos noticia fue Pangea, no porque sea el único que haya existido, sino porque es el más reciente y del que todavía podemos estudiar más detalles. De hecho, los estudios científicos más recientes concluyen que pudieron existir al menos siete grandes supercontinentes y que, en el futuro, aproximadamente en unos doscientos cincuenta millones de años, volverá a formarse un nuevo supercontinente.

De los primeros supercontinentes (Ur, Kenorland y Columbia), que eran seguramente muy pequeños, sabemos muy poco, y tenemos un registro muy incompleto. De hecho, la ruptura de Kenorland desencadenó un periodo glacial a gran escala, lo que probablemente contribuyó a borrar una parte importante del registro geológico.

Posteriormente, hace unos mil millones de años, se formó Rodinia, que duraría hasta hace alrededor de seiscientos-setecientos millones de años. Este supercontinente estaba totalmente desprovisto de vida (todavía no habían aparecido formas de vida más complejas), y, además, da la casualidad de que la capa de ozono no se había formado por completo, lo que todavía hacía más inhabitable el interior de ese continente. Durante la existencia de Rodinia tuvieron lugar los grandes periodos glaciales, de los que hablamos en el capítulo anterior.

Pannotia seguiría a Rodinia hace unos seiscientos cincuenta

millones de años, comenzando su ruptura hace unos quinientos sesenta millones de años. Esta ruptura llegó justo a tiempo para intervenir de una manera decisiva en la evolución de los animales marinos del Cámbrico, ya que permitió dividir las poblaciones en los distintos fragmentos continentales, consiguiendo así un mayor grado de evolución gracias a este aislamiento geográfico.

Por último está Pangea, el último supercontinente. Al ser el más reciente, nos ha proporcionado mucha más información. Su formación concluyó hace unos trescientos treinta millones de años, y comenzó a fragmentarse hace unos ciento setenta y cinco millones de años. No se formó en una única fase, sino que hubo distintas fases con colisiones entre los distintos bloques continentales, fruto de la división de Rodinia y Pannotia.

Su ruptura tampoco fue uniforme. A principios del Jurásico, Pangea comenzó a fracturarse por el oeste y, posteriormente, empezó a separarse por las costas de Norteamérica y África, abriendo por primera vez el océano Atlántico. Hasta el Cretácico no se iniciaría la separación de las costas de Sudamérica y África. Casi al mismo tiempo comenzaron a separarse la India, la Antártida y Australia. Poco después, la India se separaría de la Antártida, y la isla de Madagascar, de la India. Hace unos noventa millones de años, Nueva Zelanda se separó de Australia. Actualmente, los océanos continúan su expansión, creciendo a un ritmo de varios centímetros por año, mientras que la India, que se empotró literalmente contra Eurasia, sigue empujando a un ritmo de cinco centímetros por año.

Este ciclo ejerció un control muy importante sobre el nivel de los mares. Cuando los continentes estaban todos juntos, los niveles del mar solían estar relativamente bajos, mientras que cuando estos comenzaron a romperse y separarse, los niveles empezaron a subir. Este aumento se debe a la mayor actividad de las dorsales oceánicas, que controlan la profundidad de los océanos. Cuando están a pleno funcionamiento, las dorsales se encuentran más elevadas porque su temperatura hace que sean menos densas y floten mejor sobre el manto. Cuando su actividad decae, o cuanto más nos alejamos de la dorsal, la corteza oceánica es más fría y, por lo tanto, más densa, y se hundirá más sobre el manto.

En la época de los supercontinentes encontramos, por lo general, climas más fríos. Esto puede deberse a la menor producción de magma de las dorsales oceánicas, lo cual genera menos gases. Asimismo, puede deberse a que la meteorización ayuda a retirar dióxido de carbono de la atmósfera, y esta meteorización es más efectiva cuando se forman cordilleras por las colisiones entre continentes. A su vez, este clima más frío puede provocar la existencia de casquetes glaciales en el interior del supercontinente, lo cual contribuye a bajar aún más los niveles del mar.

En cambio, cuando los continentes comienzan a romperse, tenemos la situación contraria, un planeta más cálido. En ese momento se observa un aumento del nivel de los mares y del dióxido de carbono atmosférico, debido en parte a la actividad de las dorsales oceánicas y a una menor presencia de casquetes glaciales. Este ciclo tiene un efecto muy importante sobre la evolución de la vida, ya que cuando empiezan a separarse los continentes, las distintas poblaciones comienzan a evolucionar de manera distinta para adaptarse a las nuevas condiciones, hasta que llega un punto en el que ya no pueden reproducirse entre sí porque son especies distintas. En cambio, cuando las poblaciones de la misma especie están juntas, los cambios genéticos se pueden pasar fácilmente de generación en generación, sin necesidad de que se produzca la formación de una nueva especie.

LA EXTINCIÓN DEL PERMOTRÍAS

De los cinco grandes eventos de extinción que han ocurrido a lo largo de la historia de la vida en la Tierra, el más devastador de todos es el que tuvo lugar entre el Pérmico y el Triásico. Se produjo hace aproximadamente doscientos cincuenta y dos millones de años, y desaparecieron más del 96 % de las especies marinas y el 70 % de las especies terrestres de una manera súbita, sin aviso, puesto que los científicos no han podido encontrar señales de que hubiese un descenso de la biodiversidad en los miles de años anteriores al evento de extinción. Fue precisamente esta extinción la que allanó el camino para que los dinosaurios dominasen el planeta, al menos hasta su extinción a finales del Cretácico.

A día de hoy no tenemos muy claras cuáles fueron las causas de esta gran extinción, puesto que el registro rocoso es muy incompleto. Lo que sí parece cierto es que no se debió a una única causa, sino que hubo varios factores que crearon unas condiciones que dificultaron mucho la vida en nuestro planeta.

Además, parece que en los treinta mil años anteriores a esta extinción no hay ningún patrón en el registro fósil que indique que algunas especies se encontrasen en declive, ni grandes cambios en las temperaturas de los océanos, ni siquiera en la composición atmosférica. Así que esta extinción tuvo que ser algo repentino. Aunque todavía no tenemos muy claras todas las causas, lo que sí ocurrió fue un efecto invernadero rápido de gran magnitud, que aumentó en seis grados centígrados la temperatura media del planeta.

La mayoría de los autores sugiere que este aumento bestial de las temperaturas se debió a una causa interna. Al parecer, en el momento de la extinción estaban en erupción las traps siberianas, un fenómeno que se prolongó durante dos millones de años. Las lavas de esta erupción, una de las mayores de los últimos quinientos millones de años, llegaron a cubrir siete millones de metros cuadrados, catorce veces la superficie de toda España. Esta erupción lanzó a la atmósfera ingentes cantidades de dióxido de carbono y azufre, lo cual provocó un efecto invernadero y acidificó las aguas de los océanos. Al mismo tiempo, el magma que atravesaba la corteza estaba empezando a liberar cloro, bromo y yodo, elementos halógenos capaces de destruir la capa de ozono.

Estudios recientes afirman que el metabolismo de los animales marinos aumenta con la temperatura de las aguas; así que si tienen un metabolismo más activo, necesitan más oxígeno. Las aguas más cálidas contienen menos oxígeno disuelto. Durante el Pérmico, las aguas de los océanos tenían una temperatura similar a la que tienen los océanos hoy día. Pero el efecto invernadero elevó diez grados centígrados la temperatura de las aguas, lo que provocó a su vez la pérdida del 80% del oxígeno disuelto en estas. Los organismos más vulnerables eran los que vivían en aguas frías, que no estaban adaptados a unos niveles tan bajos de oxígeno en el agua, a diferencia de los de aguas más templadas; estos desaparecieron prácticamente por completo. Sin embargo, todos los organismos resultaron afectados, ya que, en algunas zonas, la concentración de oxígeno era tan baja que se convirtieron en «zonas muertas», donde peces y reptiles no podían sobrevivir.

Del registro fósil desaparecen animales como los trilobites, uno de los grupos más exitosos y diversificados en la explosión del Cámbrico. Y sufren un importante revés los gasterópodos, los bivalvos y los ammonoideos.

CAPÍTULO 5

EL MESOZOICO

La era mesozoica comienza hace unos doscientos cincuenta y un millones de años tras el final del Pérmico, un periodo que concluyó con la mayor extinción en masa de la historia de la Tierra. Acaba hace sesenta y seis millones de años, en el periodo Cretácico, con el impacto que provocó la extinción del Cretácico-Neógeno. Si por algo es conocida esta era es porque los dinosaurios se convierten en la forma de vida dominante en la Tierra, gracias a la extinción previa de otros grupos que hasta entonces dominaban nuestro planeta.

El clima del Mesozoico es cálido, especialmente a principios del Triásico. Además, es muy árido, debido a que la configuración de los continentes fomenta la existencia de un clima continental, ya que la influencia del océano es menor conforme nos alejamos de la línea de costa. Aun así, parece que existen momentos en que se desarrolla un ciclo de lluvias estacional, en el que hay una estación lluviosa seguido de otras más secas, parecido a los monzones actuales, pero a gran escala. Durante la primera parte del Jurásico se experimenta una tendencia al enfriamiento global, pero hacia finales del Jurásico y principios del Cretácico, las temperaturas vuelven a recuperarse.

Durante la era mesozoica no se encuentran vestigios de glaciación. Esto no quiere decir en absoluto que no hubiese hielo sobre el océano en las zonas polares, o que en el interior de los continentes no se alcanzaran temperaturas bajo cero, sino que hasta hoy no hemos sido capaces de encontrar pruebas de zonas más frías.

Existe un detalle muy importante que hay que tener en cuenta en cuanto al clima, y es que la distribución de los arrecifes de coral por latitudes era muy parecida a la actual. Esto nos indica que, de alguna manera, las temperaturas no serían tan excepcionalmente cálidas como para que el agua de los océanos se encontrase a una temperatura adecuada para la formación de arrecifes en todas las latitudes.

Tanto en el Jurásico como en el Cretácico se experimentan importantes subidas en el nivel del mar a nivel global. Estas se relacionan con el ciclo de ruptura de Pangea, al igual que, probablemente, influyó también en la subida de las temperaturas, ya que las dorsales oceánicas ocupaban un volumen importante de los océanos, y las zonas costeras acabaron inundándose de agua salada, formando ambientes marinos someros.

En esta era también aparecen las primeras plantas con flor, que comienzan una carrera evolutiva junto con los insectos en la que los cambios en cada uno de los grupos afectan a la evolución del otro grupo. Aunque ya existían insectos polinizadores como los escarabajos, los más efectivos de todos, las abejas, aparecen en el Cretácico. La especialización de los insectos permite que las plantas con flor tengan que generar menos

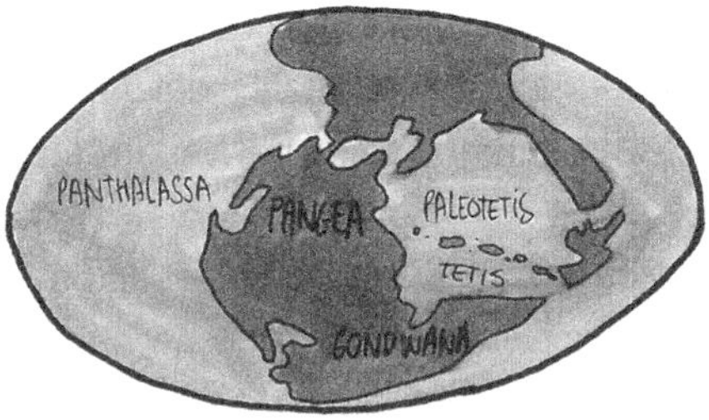

PANGEA
TRIÁSICO INFERIOR
(HACE 237 m.a.)

granos de polen para la polinización que antes y, por lo tanto, malgasten menos recursos.

Los mamíferos aparecen por primera vez en el Triásico a partir de la evolución de los terápsidos, unos animales cuya forma recuerda a los reptiles (de hecho, durante décadas se los llamó incorrectamente «reptiles mamiferoides»). Evolucionaron muy rápido, especialmente durante el Jurásico Medio, cuando consiguen crear multitud de nuevas adaptaciones, si bien se desconoce la causa de esta rápida evolución.

La mayoría de los mamíferos del Mesozoico son pequeños, del tamaño de ratones, y se alimentan principalmente de plantas, lagartos e insectos. Probablemente cazaban de noche, aprovechando que los dinosaurios carnívoros estaban menos activos y vivían en cuevas y en lo alto de los árboles.

También es en esta era cuando aparecen las primeras aves por la evolución de los dinosaurios, cuyos primeros ejemplares tienen dientes y garras; a veces cuesta distinguirlos de los dinosauros normales. Gracias a los yacimientos de preservación excepcional, en las últimas décadas hemos podido encontrar un gran número de dinosaurios no voladores que tenían plumas como los voladores, así como plumas de distinta forma que podrían indicar distintas etapas evolutivas.

EL EVENTO PLUVIAL DEL CARNIENSE

Como se ha mencionado antes, el clima del Triásico fue especialmente cálido y árido, sobre todo en el interior del supercontinente Pangea, donde todas las masas continentales estaban todavía unidas. Pero hace unos doscientos treinta millones de años, durante el Carniense, se produce un cambio muy importante en el clima de nuestro planeta: las condiciones áridas del Triásico dan paso a un clima más húmedo de una manera brusca, en un proceso que se repite y se alterna al menos en un par de ocasiones.

Este evento pluvial que dura un par de millones de años es el responsable de crear un pulso de extinción debido a sus grandes efectos sobre el ecosistema, tanto marino como terrestre. En el ámbito marino, la llegada de grandes cantidades de sedimentos desde el continente por el gran aumento de las precipitaciones provoca grandes cambios en los arrecifes, ya que muchos de los organismos asociados a estos necesitan un agua muy transparente donde penetre la luz para poder vivir. Y no solo eso, sino que muchos arrecifes quedan totalmente enterrados bajo los sedimentos, ya que el ritmo de crecimiento de estos es menor que la velocidad a la que se depositan los sedimentos. En tierra firme, las plantas comienzan a ser sustituidas por otras de clima más húmedo. De hecho, es precisamente en este periodo cuando aparecen los primeros helechos modernos y algunas familias de coníferas. Casualmente, los primeros restos biológicos preservados en ámbar que tenemos son del Carniense, aunque conocemos ámbares de edad carbonífera, pero sin ningún resto en su interior.

Sin embargo, ocurre algo más. Los dinosaurios, que aparecieron tras la extinción del Permotrías, sufren una gran diversificación durante este periodo. Los paleontólogos se han dado cuenta de que en rocas anteriores al Carniense apenas había huellas de estos; en cambio, en las del Carniense, de repente aparecen muchas. Aunque todavía no serán dominantes en este periodo, su reinado realmente comienza tras la extinción del Triásico, cuando empieza a hacerse muy evidente su presencia y también su dispersión geográfica.

¿Cuál fue la causa? No está muy claro todavía, pero parece que la erupción de los basaltos de Wrangellia, entre Alaska y

Canadá, supone un gran aumento de los niveles de dióxido de carbono y dióxido de azufre, tanto en la atmósfera como en los océanos, y con ello se calienta el clima terrestre. El aumento de acidez de las aguas del océano provocaría serios problemas a los organismos marinos, que junto con el mayor aporte de sedimentos y la turbidez del agua causarían unos daños prácticamente irreversibles en el ecosistema.

Los científicos también creen que la formación del orógeno cimérico, ahora en Asia Central, provocó cambios en los patrones meteorológicos que acabaron creando un clima monzónico muy lluvioso al que algunos organismos no pudieron adaptarse.

LA EXTINCIÓN DEL TRIÁSICO-JURÁSICO

Esta no es una de las extinciones más conocidas, a pesar de acabar con al menos un tercio de las especies de nuestro planeta, tanto en el mar como en tierra firme. Pero tiene cierta importancia porque tras ella los dinosaurios comienzan su reinado en la Tierra, ocupando el nicho ecológico que habían dejado libre otros animales similares.

Los dinosaurios, que pertenecen al grupo de los arcosauromorfos, ya habían aparecido hacía unos doscientos treinta millones de años. Pero los que dominan la mayoría de los ecosistemas en ese momento tienen un mayor grado de parentesco con los cocodrilos que con los propios dinosaurios.

Sin embargo, hace 201 millones de años, algo empieza a cambiar de nuevo. La causa podría ser el cambio climático que está empezando a gestarse, de nuevo las grandes erupciones volcánicas, o quizá el impacto de un meteorito. Incluso hay varios cráteres de impacto que podrían estar también relacionados con esta extinción, aunque ninguno parece tener un tamaño suficiente como para ser la causa directa.

Lo que más llama la atención a estos científicos de esta extinción en concreto es por qué afecta más a unos arcosauromorfos que a otros. En numerosos estudios se ha intentado buscar una relación entre el mayor grado de extinción y el tamaño corporal, la dieta, la postura, el hábitat o incluso el lugar geográfico, pero hasta el momento no se ha hallado ninguna respuesta. Hasta ahora solo sabemos que algunas especies eran más vulnerables que otras. Uno de los pocos patrones que se han podido estudiar es que si se extinguía una especie evolutivamente cercana, cualquier otra emparentada tenía más posibilidades de extinguirse.

Estas preguntas se repiten también en la extinción del final del Mesozoico. ¿Por qué sobrevivieron algunas aves y no los dinosaurios? ¿Qué tipo de adaptaciones permitieron que muchos reptiles desaparecieran, pero que los mamíferos sobrevivieran a esa extinción?

Esta selección en las extinciones lleva de cabeza a los científicos, pero quizá algún día seamos capaces de encontrar respuestas a estas preguntas en el registro fósil.

¿CLONAREMOS ALGÚN DÍA A LOS DINOSAURIOS?

Uno de los grandes sueños incumplidos de la ciencia es poder devolver a la vida especies extintas en un pasado lejano. No solo para poder estudiarlas y conocer mejor su modo de vida y comportamiento, sino porque estudiar su código genético podría abrirnos nuevas puertas para entender la evolución y los parentescos entre las distintas ramas del árbol de la vida.

A este respecto, uno de los momentos más carismáticos de la historia del cine contemporáneo quizá sea cuando, en las películas de la saga de *Parque Jurásico*, los científicos extraen la sangre de mosquitos conservados en ámbar, que previamente se habrían alimentado de la sangre de los dinosaurios de la época. ¿Sería posible hoy día extraer el ADN de la sangre de estos mosquitos y crear dinosaurios?

Para ello tenemos que hablar del ámbar. Los primeros restos de esta resina fósil se remontan precisamente a la era mesozoica. Para formarse, el ámbar requiere, por un lado, un arbolado que sude una cantidad elevada de resina y, por otro, que estos árboles queden enterrados por algún proceso rápido, como una inundación, ya que la resina suele degradarse al aire libre con el paso del tiempo debido a la luz solar, al oxígeno o a la acción de los organismos. Esta resina es muy viscosa y pegajosa, lo que ayuda a atrapar y cubrir insectos, pequeños animales y restos de vegetación que se encuentren sobre el tronco sin que tengan posibilidad de escapar.

Para transformarse en ámbar, estas resinas tienen que sufrir un aumento importante de la presión y de la temperatura. Las primeras piezas inequívocas de ámbar que se han descubierto son del periodo Carbonífero, del que hablamos en el capítulo dedicado al Paleozoico, aunque en esa era no abundaba. Será en el Cretácico cuando el ámbar comience a aparecer de una manera más habitual, quizá ligado también a la evolución de los insectos y de las plantas con flor que se estaba produciendo en paralelo.

¿Podría entonces un mosquito conservar sangre de un dinosaurio con el ADN intacto? Hasta el momento no se ha encontrado sangre en ningún mosquito de la multitud de piezas de ámbar que se han analizado en numerosas investigaciones. Es verdad que, hace unos años, unos paleontólogos descubrie-

ron en Montana (Estados Unidos) un mosquito que parecía estar lleno de sangre y que, probablemente, muriese poco después de picar a algún animal. La pega es que, en realidad, ese mosquito no estaba conservado en ámbar, sino que sus restos estaban preservados en unas rocas de grano muy fino. De ese mosquito solo ha quedado su impresión, por lo que no hay rastro del ADN del animal al que habría podido picar. De todas formas, tampoco hubiese sido un dinosaurio, ya que el mosquito murió hace unos cuarenta y seis millones de años, veinte millones de años después de la extinción de los dinosaurios.

A pesar de no haberse encontrado aún sangre en ningún mosquito en el interior del ámbar, ¿podría preservarse el ADN durante tantos millones de años? Hace unas décadas parecía que sí, que era posible encontrar ADN en el interior del ámbar, ya que durante su formación, el ámbar permite que el organismo que ha quedado atrapado se deshidrate, lo cual favorece su conservación, al tiempo que sella y protege el organismo de la acción de la descomposición.

En los últimos años se han sucedido numerosos estudios sobre el ámbar. En ellos se han estudiado ámbares recientes, de menos de un siglo, y ámbares con varios miles de años. En ninguno de ambos casos los científicos han sido capaces de extraer ningún resto de ADN, ni siquiera con las técnicas más recientes, por lo que la preservación en muestras de millones de años todavía sería mucho más complicada.

¿Quiere esto decir que nunca podrá hacerse? No lo podemos negar categóricamente. En la actualidad se ha conseguido estudiar ADN de más de un millón de años en sedimentos marinos, pero de organismos muy simples. El organismo más antiguo y complejo del que se ha podido reconstruir parte del ADN es un oso de las cavernas que ese encontró en la Sima de los Huesos, en el yacimiento de Atapuerca, cuya edad estimada es de trescientos mil años.

PANGEA SE ROMPE Y LA TIERRA SE ENFRÍA (POR DENTRO)

Pangea, el supercontinente formado durante el Paleozoico, comienza a romperse en el Triásico al cabo de unos cien millones de años de existencia. Empieza abriendo el océano Atlántico, que separará en primer lugar las costas de África y Europa de las de Norteamérica. Esta separación de las masas continentales conlleva novedades evolutivas asociadas al aislamiento geográfico, y da lugar a un nuevo fenómeno en la dinámica de la Tierra.

En nuestro planeta tenemos registros de la corteza oceánica —la que se crea en las dorsales— de unos doscientos millones de años, ya que al subducir en los límites convergentes, esta desaparece y se recicla en el manto. Sin embargo, hace unos años se descubrieron unos fragmentos de este tipo de corteza en el Mediterráneo que tienen unos trescientos cuarenta millones de años.

Los científicos han medido el grosor de la corteza oceánica de los últimos ciento setenta millones de años y han descubierto un extraño patrón: conforme nos acercamos a la actualidad, la corteza oceánica se vuelve más fina. De hecho, entre la corteza más antigua estudiada y la más reciente hay aproximadamente dos kilómetros de grosor de diferencia.

La formación de Pangea tuvo una importancia crucial en el modo en que el manto terrestre fue perdiendo calor. Y es que tras su formación, este supercontinente actuó como una especie de manta aislante que impedía que el manto perdiese calor de una manera eficiente durante cien millones de años. ¿Qué quiere decir esto? Que mientras existió Pangea, el manto terrestre se iba enfriando a un ritmo de entre seis y diez grados cada cien millones de años, pero al romperse, comenzó a perder entre quince y veinte grados cada siglo. Puesto que un manto más frío genera menos magma, hoy día la corteza oceánica es mucho más delgada.

Curiosamente, en la atmósfera ocurría el efecto contrario debido a los gases liberados por la actividad volcánica: mientras que la Tierra veía incrementada su temperatura por la ruptura de Pangea, el manto se enfriaba. Y es muy probable que el manto se esté enfriando mucho más rápido ahora que en toda la historia de la Tierra, ya que la ruptura de Pangea, probablemente el supercontinente más grande que haya existido, permitió que ascendiesen magmas muy calientes desde las profundidades del manto, que se enfriarían muy rápido al llegar a la superficie. Pero no nos preocupemos, porque todavía queda mucha energía en el interior de la Tierra. En el último capítulo hablaremos precisamente de esto.

DATO CURIOSO

¿Son los diamantes para siempre?

Que no nos engañen, los diamantes no son para siempre. Bueno, si pensamos a escala humana, sí lo son. Pero ¿y si pensamos un poco más allá?

Los diamantes se forman en nuestro planeta en torno a los ciento cincuenta-doscientos kilómetros de profundidad, en unas condiciones tremendas de presión y temperatura. Sin embargo, también existen diamantes en la superficie de nuestro planeta, lo cual significa que han ascendido muy rápidamente, en erupciones volcánicas que generaron un ascenso del magma a mucha velocidad, lo que permitió a los diamantes mantener su estructura.

Si los diamantes formados en las profundidades ascendieran lentamente hacia la superficie, poco a poco se irían convirtiendo en grafito, al romperse los enlaces entre los átomos de carbono. Pero no os preocupéis, porque es un proceso que dura, probablemente, miles de millones de años. De hecho, es probable que sobrevivan a nuestro planeta, aunque no al universo.

LA FIEBRE DEL ORO (NEGRO)

Si durante el Paleozoico hablamos de la formación de la mayor parte de los depósitos de carbón que existen en la Tierra, el Mesozoico se caracterizó por la formación de hidrocarburos como el petróleo, una materia prima que hoy es fundamental (sobre todo para la gasolina que usamos en los vehículos). De hecho, alrededor del 70% de los yacimientos de petróleo descubiertos provienen de la era mesozoica, y solo un 10% del Paleozoico. El 20% restantes se originaron después del Mesozoico.

Con esto queremos decir que el petróleo y el carbón son

fuentes de energía no renovables, o, lo que es lo mismo, que sus reservas no siguen creciendo. Bueno, quizá sigan creciendo un poco, pero no al ritmo que las consumimos. Por ello, una vez que se agoten, no habrá posibilidad de fabricar más y tendremos un serio problema, salvo que cambiemos el paradigma energético en el que nos encontramos. Eso sin contar los efectos de la quema de los combustibles fósiles, de los que hablaremos en el capítulo dedicado al Cuaternario.

La ventaja de estos dos combustibles es que permiten liberar energía de una manera muy fácil (por combustión). Además, por norma general, son fáciles de extraer, aunque sobre todo el petróleo haya tenido que hacer uso en las últimas décadas de depósitos más difíciles de explotar una vez acabados aquellos de fácil extracción; sin embargo, todavía pueden quedar nuevas reservas por descubrir.

Cuando alguna vez pregunto de dónde viene el petróleo, la respuesta más común con la que me encuentro es que proviene de los dinosaurios. Si bien es cierto que los depósitos de petróleo mayoritarios se formaron en el Mesozoico, lo cierto es que proviene de la descomposición de organismos microscópicos, concretamente del plancton marino, aunque, bueno, tal vez cayera de vez en cuando un poco de dinosaurio a la mezcla.

La mayor parte del plancton suele encontrarse en zonas ricas en nutrientes; se trata de aguas frías procedentes del fondo oceánico que permiten vivir a los microorganismos y multiplicarse en abundancia. Cuando estos mueren, caen hacia abajo en la columna de agua. Si van a parar a una zona pobre en oxígeno, la materia orgánica de estos organismos microscópicos empieza a acumularse y a ser cubierta por partículas de sedimentos que llegan por el aire y desde los continentes. Conforme se van acumulando capas y capas de materia orgánica y sedimentos a lo largo de millones de años, va aumentando la presión y la temperatura de estas capas. Así es como van transformándose en lo que conocemos como «pizarras negras», rocas de grano muy fino con un alto contenido en materia orgánica. A su vez, esta última comienza a transformarse en querógeno, un hidrocarburo.

Si estos materiales llegan a los noventa grados centígrados, el querógeno se vuelve líquido (lo que conocemos como petróleo), mientras que si superan los ciento cincuenta grados, el querógeno se transforma en gas. Si por algún motivo las temperaturas llegaran a los doscientos veinticinco-doscientos cincuenta grados, toda la materia orgánica acabaría transformándose en carbono puro en forma de grafito. Es decir, hay un rango de temperaturas muy concreto para que se pueda formar el petróleo.

Una vez que los materiales se transforman en los diferentes productos, el gas y el petróleo pueden empezar a migrar a través de los poros de la roca, sobre todo hacia arriba, ya que tienen menos densidad que las rocas que lo rodean. Si se acumulan en una zona determinada, diremos que tenemos una reserva de petróleo. Para evitar que el petróleo o el gas escapen, debe haber rocas impermeables que sellen los depósitos petrolíferos, o estructuras geológicas que controlen el movimiento de estos fluidos.

En la actualidad, las mayores reservas de petróleo se encuentran en Oriente Medio, seguido de Rusia, África y Norteamérica. ¿Por qué hay tanto petróleo, por ejemplo, en Oriente Medio, y tan poco en Europa? Este hecho tiene que ver con la posición de esta zona durante el Jurásico y el Cretácico. Concretamente, se encontraban en regiones tropicales, donde en esa época había mucha actividad biológica, de modo que se depositaban en el fondo grandes cantidades de materia orgánica conforme morían los organismos. Además, sobre esta zona se depositaron posteriormente capas de arena, que gracias a su porosidad pudieron convertirse en unas buenísimas rocas donde almacenar el petróleo.

Otro tema que ha estado muy de actualidad recientemente en referencia a las reservas de petróleo y gas natural es la fracturación hidráulica (*fracking*). Cuando se explota una reserva petrolífera, no es posible extraer todo el petróleo mediante bombas de extracción. Así que para poder extraer el petróleo que queda, muchas veces hay que recurrir a técnicas secundarias como la fracturación hidráulica, que consiste en usar un fluido, normalmente agua, e inyectarlo a alta presión sobre las rocas que almacenan el petróleo y el gas. La fuerza del agua fractura las rocas, aumentando su porosidad y permitiendo que escapen los hidrocarburos, para sí poder extraerse mediante técnicas convencionales. A veces también se inyecta arena para que las fracturas de la roca no se cierren del todo y sigan soltando el petróleo y el gas.

La polémica que ha desatado esta técnica en los últimos años se ha dado porque se han producido terremotos asociados a la actividad de extracción mediante fracturación hidráulica. Lo cierto es que hay numerosos estudios que avalan la existencia de una actividad sísmica de baja magnitud relacionada con el uso de esta técnica, si bien esto no debería ser un problema para las ciudades. En cambio, sí habría problemas si hubiese accidentes geológicos naturales, como grandes fallas que, al ver modificadas sus condiciones, pudiesen causar un terremoto de mayor magnitud, ya que el cambio en estas condiciones podría provocar la reactivación o el movimiento de las fallas responsables de provocar terremotos.

Sin embargo, hay problemas que quizá revistan mayor gravedad. Por un lado, la fracturación hidráulica consume una gran cantidad de agua. Aunque hay una parte que se puede recuperar, en zonas donde el agua no es abundante puede resultar un problema. Por otro lado, puede ocurrir también que la fracturación ponga en contacto acuíferos de donde extraemos agua para consumo humano con las explotaciones petrolíferas a través de nuevas grietas, lo que provocaría la contaminación de estas aguas; de pasar inadvertida, podría generar un problema de salud pública.

A pesar de estos problemas, este tipo de explotaciones pueden ser seguras siempre que haya suficientes estudios sobre la geología local y se extremen las medidas de seguridad para evitar cualquier tipo de problema o contaminación.

LA EXTINCIÓN CÓSMICA DE LOS DINOSAURIOS (Y EL EMPUJONCITO TERRESTRE)

Si a lo largo de la historia de la Tierra ha habido una extinción que haya sido cinematográfica hasta sus últimas consecuencias ha sido la del evento del Cretácico-Paleógeno (antes conocida como la extinción del Cretácico-Terciario). No porque haya sido la más importante —ya contamos en el capítulo anterior que la mayor fue la del Permotrías (como llamamos abreviadamente a la extinción del límite Pérmico-Triásico)—, sino porque eliminó a uno de los grupos, y que me perdonen los biólogos, más fotogénicos y al mismo tiempo terroríficos de toda la historia de la vida: los dinosaurios.

Esta extinción dio paso al reinado de los mamíferos, que encontraron todo un mundo por conquistar en el hueco dejado por los dinosaurios. Pero contrariamente a lo que podamos pensar, los mamíferos sufrieron también un revés importante, y algunos grupos desaparecieron por completo, si no inmediatamente, poco después.

Pero no toda la vida en la Tierra consistía en mamíferos y dinosaurios. Alrededor de un 75% de las especies de organismos vivos de nuestro planeta desapareció tras el evento de extinción del Cretácico-Paleógeno. Algunos autores sugieren que es posible que algunos grupos de organismos ya se encontraran en declive cuando ocurrió la extinción, pero lo cierto es que, de todos los eventos de extinción, este sea quizá el más claro en cuanto a su rápida ocurrencia global. Fue una catástrofe global que cambió de la noche a la mañana las condiciones ambientales de las que dependían una gran parte de las especies de nuestro planeta para sobrevivir.

Lo cierto es que este evento se viene estudiando desde el siglo XIX, cuando los científicos se dieron cuenta de un cambio muy evidente en el registro fósil entre los estratos mesozoicos y cenozoicos. Los restos de huellas y huesos de dinosaurios presentes en los estratos del Mesozoico desaparecían por completo al pasar a los cenozoicos, sin que se observara ningún tipo de variación aparente en la diversidad de las especies que anunciase esta desaparición.

Desde el principio se propusieron numerosas teorías, que iban desde un declive natural de las especies hasta un enfriamiento climático que hacía que sus huevos eclosionaran menos o directamente no eclosionaran, lo cual reducía la pobla-

ción. De los huevos se ha hablado mucho, y se ha llegado a afirmar que su cáscara se volvió tan fina que se rompían antes de tiempo, y los embriones de dinosaurio se morían. Otros proponían lo contrario, que el clima era tan cálido que impedía a los dinosaurios crear un esperma de calidad para poder realizar la fecundación, y que este clima tan cálido habría causado también la muerte de los dinosaurios más jóvenes y vulnerables, impidiendo que las poblaciones crecieran.

También se propusieron teorías más exóticas acerca de las posibles causas, como las explosiones de las supernovas, e incluso alteraciones en el movimiento del sistema solar por la galaxia. Hay científicos que llegaron a asegurar que a los dinosaurios les habían salido cataratas por las altas temperaturas, lo que les hacía muy torpes, de forma que morían por su incapacidad para alimentarse y reproducirse, o al caerse por los precipicios.

No faltaron teorías relacionadas con la alimentación. Por un lado, se sugirió que podrían haber muerto envenenados por los metales pesados que absorbían de las plantas capaces de retener estos metales, que se iban acumulando en sus tejidos hasta alcanzar una concentración tóxica. Y para rizar el rizo, otro científico propuso que los insectos, si carecían de depredadores naturales, podrían crecer tanto en número que se comerían la mayor parte de las plantas, lo cual haría morir de hambre a los dinosaurios herbívoros.

Pero a principios de la década de los cincuenta todo comenzó a cambiar. La compañía de Petróleos Mexicanos (conocida popularmente como Pemex) descubrió una gran estructura circular en la península de Yucatán que, al encontrarse bajo la superficie, no era visible a simple vista. Este descubrimiento se olvidaría rápidamente, al interpretarse de una manera muy distinta a como se hace hoy día, y prácticamente permanecería olvidado hasta la década de los noventa.

En 1956, el biólogo marino Max Walker de Laubenfels propuso ya que un asteroide podría estar detrás de la desaparición de los dinosaurios. Su teoría afirmaba que este asteroide, que tendría unos cien metros de diámetro y pesaría treinta millones de toneladas, habría calentado tanto la atmósfera al entrar que habría provocado grandes incendios y un aumento de la temperatura a escala global, lo cual provocó el declive de los dinosaurios (y del resto de especies).

A mediados de los setenta, unos estudios sobre el límite Cretácico-Paleógeno en Caravaca de la Cruz (Murcia) comenzaron a ofrecer resultados interesantes. Se observó que algunos géneros de foraminíferos marinos desaparecían rápidamente del registro fósil en los estratos del Paleógeno; estos foraminíferos son unos organismos unicelulares muy diversificados en los mares y los océanos que se preservan muy bien en el registro fósil porque segregan una concha calcárea dura (incluso hoy día podemos observarlos con una lupa en las playas arenosas de nuestras costas). Casi al mismo tiempo se analizó el contenido del límite Cretácico-Paleógeno, que visualmente se distinguía como una delgada línea de color oscuro que separaba estos dos periodos geológicos en la sección de Caravaca. Y en ese análisis se descubrió que esos sedimentos de color más oscuro tenían un gran contenido en metales como el níquel, el selenio o el cromo, lo cual apuntaba a que lo que hubiese ocurrido tenía que estar provocado desde fuera de las fronteras de nuestro planeta.

No fue hasta finales de los años setenta cuando Luis y Walter Álvarez, padre e hijo, descubrieron que, además de esos metales, se observaba también un incremento muy grande en las concentraciones de iridio, lo que de nuevo apuntaba a un origen extraterrestre de la extinción, ya que la mayor parte del iridio debió de descender hacia el núcleo terrestre por su gran densidad. En junio de 1980 publicaron junto con otros autores su teoría de que la causa de la extinción de los dinosaurios fue originada por el impacto de un asteroide. Para la comunidad científica fue tremendamente difícil comenzar a aceptar esta teoría, a pesar de que desde finales de los años sesenta sabemos que los impactos de asteroides también pueden ocurrir en nuestro planeta, como ocurren en otros lugares del sistema solar.

Mientras tanto se sucedían los estudios para profundizar en la composición del límite Cretácico-Paleógeno y determinar en cuánto tiempo tuvieron que depositarse esos materiales que marcaban tan bien el límite entre ambos periodos. En todos los análisis se encontraron concentraciones anómalas de distintos metales, y en otros se descubrieron esférulas. Estas últimas son pequeñas esferas de roca que se forman cuando tras el impacto del asteroide, debido a las altas temperaturas, la roca se vaporiza, y conforme se va enfriando este vapor de roca, vuelve a condensarse y a solidificarse, cayendo en forma de pequeñas gotas, en este caso trozos de roca, con forma esférica. Se han llegado a encontrar depósitos de esférulas a miles de kilómetros del lugar del impacto.

Sin embargo, seguían faltando pruebas. Hasta el momento no se había encontrado ningún cráter de esa edad que pudiese ser el responsable de la extinción de los dinosaurios. ¿Dónde podría haberse ocultado algo de un tamaño en principio tan colosal?

No fue hasta 1991 cuando se propuso por primera vez que el cráter que en la década de los cincuenta había descubierto Pemex podría tratarse en realidad del cráter que se buscaba. Se trata del cráter de Chicxulub, localizado entre la península de Yucatán y el golfo de México, con un diámetro de unos ciento cincuenta kilómetros y con más de veinte kilómetros de profundidad. En la actualidad, el cráter no es visible «a simple vista» porque los sedimentos lo han cubierto por completo.

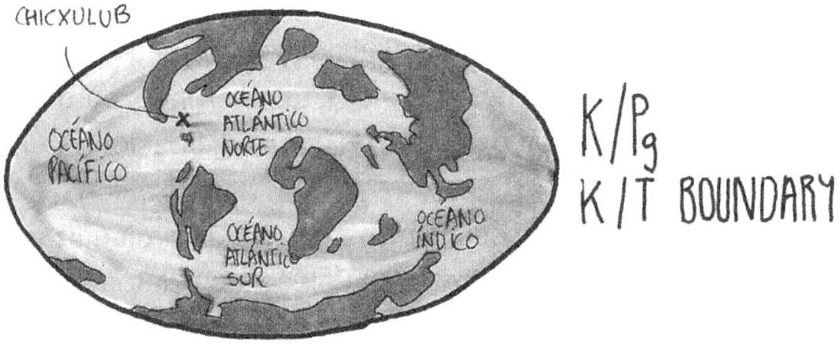

Al principio, este intento de localizar el impacto fue muy debatido y rebatido en la comunidad científica. Sin embargo, comenzaron a hacerse dataciones que permitieran poner una fecha concreta a la formación del cráter. No solo se dató el cráter, sino también las rocas afectadas por el impacto, para ver si coincidía la edad del cráter con la edad a la que habían sufrido alteraciones las rocas afectadas por el impacto, hecho que quedó suficientemente demostrado.

¿Y cómo fue el impacto? Lo cierto es que no sabemos mucho del objeto que impactó contra nuestro planeta. Dependiendo de su composición, podría haber medido entre once y ochenta kilómetros, ya que un cuerpo menos denso (por ejemplo, un cometa, formado por hielo y polvo) hubiese necesitado un mayor diámetro para formar el cráter que hoy vemos si lo comparamos con un cuerpo rocoso o metálico, como el de los asteroides. De todas formas, algunos autores sugieren que no fue un asteroide, sino un cometa, el que causó el impacto.

A una velocidad estimada de alrededor de veinte kilómetros por segundo, este cuerpo impactó directamente contra el océano en lo que hoy es el golfo de México. En el lugar del impacto se alcanzaron temperaturas que superaron los diez mil grados centígrados, una temperatura superior a la del núcleo terrestre, de modo que se vaporizó todo a cientos de kilómetros alrededor del punto de impacto, desde el agua a las rocas. Al mismo tiempo se desencadenaron uno o varios tsunamis que podrían haber llegado a tener alturas superiores a los cien metros, aunque, según algunos cálculos, las olas podrían haber llegado a medir trescientos metros de altura. Estas olas penetraron cientos de kilómetros por la línea de costa hacia el interior de los continentes, arrasando todo a su paso.

A dos mil kilómetros a la redonda, la fuerza liberada por la explosión tumbaría los bosques en cuestión de minutos debido a la velocidad del viento, que pudo alcanzar los mil kilómetros por hora. Este mismo viento tuvo proporciones huracanadas al menos hasta unos cinco mil kilómetros a la redonda.

El terremoto registrado por el impacto probablemente superó la magnitud 10, e incluso habría llegado a la magnitud 11,

DATO CURIOSO

¿Sirven los terremotos pequeños para evitar terremotos más grandes?

Una de las grandes «mentiras» de la geología que forma parte del acervo popular es que los terremotos más pequeños liberan energía y así ayudan a evitar que ocurran otros más grandes. En realidad, es un concepto totalmente erróneo. Por cada magnitud que sumemos, estamos liberando aproximadamente treinta y tres veces más energía que en la magnitud anterior. Es decir, para liberar la energía de un terremoto de magnitud 2 en terremotos de magnitud 1, tendrían que ocurrir treinta y tres terremotos de magnitud 1. Para liberar una energía equivalente a un terremoto de magnitud 9 serían necesarios más de mil millones de terremotos de magnitud 1. En nuestro planeta se detectan únicamente varias decenas de miles de terremotos al año, y en muchos de ellos sus efectos ni se sienten. Por ello, ni con todo este número de terremotos ocurriendo en el mismo sitio podría evitarse que ocurriese un gran terremoto.

cuando ningún terremoto registrado en tiempos históricos ha llegado a la magnitud 10. Fue tan grande la energía liberada que si nos hubiésemos puesto a mirar el impacto de frente, habríamos visto las ondas sísmicas venir hacia nosotros, ya que algunas de estas conseguirían movimientos ondulatorios sobre el suelo con una altura de hasta veinte metros.

Por si esto no fuera suficiente, imaginemos la gran cantidad de material rocoso expulsado hacia el cielo. Una parte de este material se lanzó a tanta velocidad que probablemente salió al espacio, mientras que el resto volvió a caer en cuestión de minutos sobre nuestro planeta. Estas primeras partículas de roca tenían una temperatura tan alta que podían provocar incendios donde caían, así como sofocar la vida que hubiese en varios miles de kilómetros a la redonda. En cambio, las partículas más finas se quedaban suspendidas en la atmósfera, haciendo que una gran parte de la luz no llegara al suelo, probablemente durante varios años, y sumiendo a la Tierra en una oscuridad sin precedentes.

Pero siempre puede ser peor, y a veces las desgracias no vienen solas... Lo cierto es que en lo que hoy es la India ocurrió uno de los episodios volcánicos más impresionantes de la Tierra, el de las traps del Decán, poco antes del impacto del asteroide. Esta erupción emitió a la atmósfera una gran cantidad de gases de efecto invernadero, provocando un episodio de calentamiento global que afectó a algunas especies que no podían adaptarse rápidamente a la subida de las temperaturas. Algunos autores sugieren que una de las consecuencias del impacto fue avivar precisamente esta erupción.

Aunque a lo largo del libro hemos hablado en más de una ocasión de este tipo de gigantescas erupciones capaces de liberar grandes cantidades de lava, así como de liberar gases a la atmósfera, no hemos explicado sus causas. Se trata de las erupciones de las grandes provincias ígneas, lugares por donde salió un enorme volumen de lava capaz de cubrir una superficie igual o superior a los cien mil kilómetros cuadrados en periodos muy cortos de tiempo. Este magma proviene de zonas muy profundas, probablemente del contacto entre el manto y el núcleo. Cuando llega a la base de la corteza, este fluido caliente puede provocar que la corteza pierda grosor y comience a agrietarse, lo cual quita peso al manto y ayuda a que ascienda el magma, hasta que puede pinchar la corteza y empieza a fluir hacia fuera.

Por si fuera poco, la energía liberada durante el impacto provocó nuevas fracturas en la corteza oceánica, de tal manera que las dorsales oceánicas, a pleno rendimiento por la ruptura de Pangea, liberaron más gases y lava, lo cual incrementó la actividad de estos volcanes submarinos. Incluso es posible que las emisiones de dióxido de carbono de las dorsales provocasen una acidificación de las aguas, ya que al disolverse este gas en el agua se forma un ácido débil, lo cual perjudicó aún más los ecosistemas marinos, cuya diversidad estaba viéndose muy afectada por el colapso en la cadena trófica y los cambios en las condiciones ambientales.

No fue hasta 2016 cuando los científicos pudieron acceder directamente por primera vez al cráter de Chicxulub y extraer rocas que demostrasen finalmente que la estructura pertenecía a un cráter, ya que todavía quedaba algún crítico de esta hipótesis que asociaba la estructura a un antiguo volcán. El muestreo les permitió llegar a las rocas afectadas y observar los cambios que sufren tras un impacto a alta velocidad y debido a las altísimas temperaturas experimentadas, confirmándose así el origen de esta estructura. Esto permitió cerrar al menos el debate al respecto.

De la misma manera que los impactos pudieron ser responsables de las extinciones, también pudieron contribuir al origen de la vida en nuestro planeta. Al principio de la historia de la Tierra, la capa de ozono no existía todavía, con lo que los organismos sufrían una dosis extraordinaria de radiación ultravioleta. Es posible que la fracturación generada por los impactos de asteroides sobre nuestro planeta en estos primeros momentos ayudase a las primeras formas de vida a resguardarse de un ambiente más hostil. Y no solo eso, sino que algunos asteroides y cometas podrían incluso haber traído numerosos compuestos orgánicos que sirviesen como ladrillos básicos en las primeras etapas del origen de la vida.

Además, ahora sabemos que, muchas veces, los impactos generan sistemas hidrotermales, es decir, sistemas por donde fluye el agua a una mayor temperatura a través de las fracturas y de la propia porosidad de la roca, lo que permite la disolución de las rocas por las que pasa, liberando nutrientes que generen un ambiente hospitalario para la vida. Así que, después de todo, los impactos de asteroides no solo significan extinciones y destrucción, sino que puede que incluso en algún momento fueran ayudantes necesarios para el origen de la vida.

Y para concluir, ¿qué hizo sobrevivir a los mamíferos frente a los dinosaurios? Averiguar todos los factores que hacen que unas especies desaparezcan y otras no es una tarea realmente complicada, pero actualmente muchos autores coinciden en que los mamíferos marinos y aquellos que viven en cuevas y galerías permanecerían relativamente protegidos del calor del impacto. Y ya no solo del impacto directo, sino del producido por la caída de restos de roca y ceniza incandescente que volvía a la Tierra, haciendo el ambiente irrespirable.

Pocos días después del impacto, la temperatura del planeta volvió a niveles soportables por los animales. En el caso de que hubieran sobrevivido algunos dinosaurios, los carnívoros podrían haberse alimentado de otros dinosaurios y animales. Pero debido al calor y a los incendios, la mayor parte de la vegetación habría resultado carbonizada, dejando poco alimento disponible y provocando un colapso de la cadena trófica en la Tierra. En los océanos, el plancton, que necesita luz solar para crecer, también sufriría daños catastróficos, lo cual provocaría también un colapso de la cadena trófica marina. Sin embargo, los mamíferos tenían una mayor capacidad de adaptar su dieta y alimentarse de insectos y plantas acuáticas. Quizá fuera esto, junto con la posibilidad de protegerse durante los primeros días, una de las claves de su salvación.

CAPÍTULO 6

EL CENOZOICO:
LA ERA DE LOS MAMÍFEROS

El Cenozoico es la más reciente de todas las eras que hemos tratado en el libro; la última y también la más breve de todas. Por supuesto, es la era en la que nos encontramos. Su nombre significa «vida nueva», y fue introducido en la década de 1840 por el geólogo inglés John Phillips, que trabajó en la primera escala global del tiempo geológico aprovechando los distintos fósiles que encontraba en las rocas. Las apariciones y desapariciones de fósiles le ayudaron a relacionar las rocas encontradas en distintas partes del planeta donde aparecían los mismos fósiles. Así pudo establecer un primer criterio de edad para las rocas, en este caso clasificándolas únicamente de más antiguas a más modernas, ya que todavía no se había diseñado la técnica basada en la radioactividad natural que permitiría poner una fecha absoluta a las rocas.

Esta era comienza tras la extinción del Cretácico-Paleógeno y con la recuperación de los ecosistemas tras la devastación producida por el impacto del asteroide. No solo se recuperaron los ecosistemas que quedaron directamente afectados, sino también aquellos que sufrieron años de oscuridad por el polvo y las cenizas que cubrieron por completo la atmósfera terrestre.

Es en esta era cuando los continentes se mueven hacia sus posiciones actuales tras la ruptura de Pangea a principios del Mesozoico. La India choca contra Eurasia y forma la cordillera del Himalaya. Europa y África colisionan formando los Alpes.

Y se inicia la glaciación de la Antártida hace unos treinta y cuatro millones de años, aunque a principios de esta misma era pudiésemos encontrar, en lo que hoy es la Antártida, bosques templados de palmeras y baobabs, evidencia de un abrupto cambio climático.

El Cenozoico es, por definición, la era de los mamíferos, ya que reemplazan a los reptiles como animales dominantes en tierra firme. Aunque, siendo justos, también será la era de las aves, descendientes evolutivos de los dinosaurios, que experimentan una gran expansión durante esta era. Asimismo, también ocurre un cambio importante en las plantas terrestres: las plantas con flor, conocidas como angiospermas, se vuelven dominantes frente a las plantas con semilla o gimnospermas. Este hecho se relaciona, probablemente, con la evolución de los insectos, especialmente los polinizadores, que ayudarán de una manera crucial a la reproducción de las plantas con flor.

En general, el Cenozoico es un periodo de enfriamiento global que sirve para dar paso a las glaciaciones cuaternarias, aunque en esta era todavía hay varios episodios cálidos. Este descenso general de las temperaturas vendrá mediado, en parte, por el cambio en la posición de los continentes, que altera los patrones de circulación de las corrientes oceánicas, y en parte, por factores astronómicos de los que hablaremos en el siguiente capítulo.

Pero no solo eso. La colisión de las distintas masas continentales, fenómeno responsable de la formación de muchas cordilleras, contribuye a su vez a bajar las temperaturas, ya que la meteorización de estas nuevas montañas por acción del agua consume una importante cantidad de dióxido de carbono. Este elemento se extraerá de la atmósfera, donde funciona como gas de efecto invernadero, y pasará a formar nuevos minerales o acabará en los océanos.

Con este capítulo no cerraremos el Cenozoico por completo. Dejaremos el último periodo, el Cuaternario, para el siguiente, puesto que es un episodio fundamental en nuestra historia como especie; es donde aparece el hombre moderno, y donde clima y geología desempeñan un papel fundamental en nuestra evolución.

¿CÓMO PODEMOS CONOCER LAS TEMPERATURAS DE NUESTRO PLANETA EN EL PASADO?

A lo largo de todos estos capítulos hemos hablado mucho del clima y de las temperaturas de nuestro planeta. Sin embargo, hemos hecho poco hincapié en cómo podemos obtener esos datos con precisión, no solo basándonos en el tipo de fósiles o sedimentos que encontramos, y que nos permiten hacernos una idea sobre el clima, aunque con pocos detalles concretos.

Son precisamente los fósiles de criaturas minúsculas, los foraminíferos, los que nos permiten calcular con gran exactitud la temperatura de la Tierra. Estos no son más que criaturas microscópicas que viven en la columna de agua y que tienen la capacidad de generar una concha dura a su alrededor que les da más potencial para preservarse como fósiles; esto ya se mencionó en el capítulo anterior.

En la actualidad viven aproximadamente cuatro mil especies, pero en el registro fósil superan las cuarenta mil. Aparecieron por primera vez en el Cámbrico, hace unos quinientos cuarenta millones de años, pero se sospecha que pudieron originarse incluso antes, si bien probablemente no contaban con una concha que les permitiese fosilizarse de una manera adecuada. Esto último, junto con su tamaño, habría hecho muy difícil su preservación en el registro fósil, aunque cosas más pequeñas se han visto.

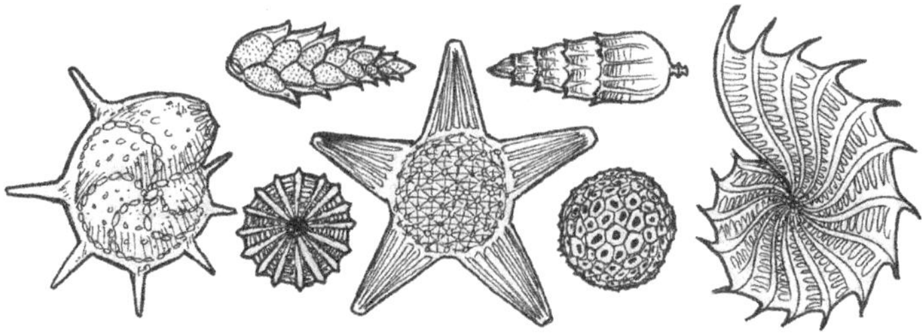

Algunos foraminíferos son tremendamente pequeños, al tener menos de 0,1 milímetros de diámetro, pero algunos ejemplares llegan a medir hasta veinte centímetros, a pesar de ser organismos unicelulares. Pueden vivir en distintos puntos de la columna de agua. Si alguna vez visitáis las pirámides de Egipto, deteneos un momento en sus rocas. Veréis que en ellas hay unos pequeños discos de color claro, que en realidad son fósiles de un género de foraminíferos extintos llamado *Nummulites*, nombre que procede del latín y que significa «pequeña moneda». No necesitaréis una lupa ni ningún otro artilugio, puesto que estos ejemplares alcanzan varios centímetros de diámetro.

A los foraminíferos que viven flotando, de los que actualmente hay unas cuarenta especies, los llamamos «planctónicos». A los que viven en el fondo, ya sea en la arena o en el fango, o bien sobre conchas marinas, los llamamos «bentónicos».

Estos organismos están, además, muy distribuidos por todo el mundo, ya que pueden encontrarse tanto en los gélidos polos como en las cálidas aguas del ecuador. Hay especies que son globales y viven por todo el océano, pero también encontramos otras muy adaptadas a ambientes concretos que nos ayudan a reconstruir las condiciones del lugar donde vivieron.

DATO CURIOSO

La importancia de los fósiles guía

Hablando de distribución global, los foraminíferos nos sirven hoy día como fósiles guía. Nos permiten calcular la edad aproximada de las rocas sedimentarias, a veces con mucha precisión, aunque esto no excluye el uso de técnicas más precisas como la datación radiométrica. Para que un fósil nos sirva como fósil guía tienen que cumplirse tres requisitos:

Que tenga una gran distribución geográfica. Hay especies de foraminíferos presentes a lo largo y ancho del océano gracias a su capacidad de flotar, que les permite ser movidos por las corrientes oceánicas.

Que sea abundante. Muchas veces, esto facilitará que numerosos ejemplares puedan acabar en el registro fósil.

Que evolucione de una manera rápida. Esto hace que la duración de las especies sea menor, y nos ayuda a datar intervalos de tiempo menores. Cruzando los intervalos de aparición y desaparición de los fósiles guía presentes en un mismo yacimiento, podemos obtener la edad aproximada de esas rocas.

A principios del siglo XX, el geólogo alemán Wolfgang Schott estudió los lodos extraídos del fondo del océano por una expedición oceanográfica. Se dio cuenta de que las especies de foraminíferos encontradas en el fondo del océano dependían de la temperatura del agua en la que habían vivido, por lo que la asociación de distintas especies podría servir como una suerte de termómetro del pasado. Sin embargo, esta medida no era suficiente, ya que solo podía aportar un valor aproximado basándose en qué fósiles vivían en aquel momento. Es como si encontramos fósiles de oso polar y pingüino en el mismo sitio: podemos afirmar con bastante acierto que son fósiles de una zona donde el clima era polar, pero no podemos determinar qué temperatura hacía.

En los años cincuenta, Harold Urey, premio Nobel de Química en 1934, pensó que tenía que haber una manera diferente de calcular las temperaturas a partir de las conchas de los foraminíferos. Estas constan en su mayoría de calcita, un mineral compuesto por carbonato cálcico, que contiene átomos de oxígeno en su estructura.

Recordaréis que en el primer capítulo del libro hablábamos de los isótopos, variedades de un mismo elemento en las que solo cambia el número de neutrones, y los dividíamos en estables e inestables (estos últimos se desintegran con el tiempo, y los usamos como reloj). Pues bien, hay tres isótopos estables de oxígeno: 16, 17 y 18.

Los biólogos se habían dado cuenta de que la cantidad de cada isótopo de oxígeno que usan los foraminíferos para fabricar su concha depende de la temperatura del agua en la que viven, y esta proporción se mantiene después de su muerte. A raíz de ello, Urey se puso manos a la obra para desarrollar una tecnología que fuese capaz de medir la proporción entre los isótopos de oxígeno-16 y oxígeno-18, e intentar calcular la temperatura del agua en el pasado.

Cuando antes hemos hablado de Wolfgang Schott y la recogida de fangos del fondo de los océanos, no hemos mencionado uno de los principales problemas con los que se encontraban estos estudios al principio. Cuando las expediciones oceanográficas empezaron a recoger muestras del fondo oceánico, no podían hacerlo de una manera adecuada, por lo que el fango se extraía de una forma muy precaria y se mezclaban las diferentes capas. El resultado es que se obtenían foraminíferos de muy distintas edades al subir los lodos al barco, por lo que no tenían demasiada utilidad. No fue hasta finales de la década de los cuarenta y principios de los cincuenta cuando se empezaron a extraer muestras del fondo oceánico con la continuidad y la consistencia necesarias para evitar alterar la estructura de estos fangos, así como para poder datar cada una de las capas y estudiar los foraminíferos existentes. A mediados de los años cincuenta, Emiliani, discípulo de Urey, consiguió estudiar la temperatura de los últimos trescientos mil años al conseguir extraer de una manera continua centenares de metros de sedimentos del fondo oceánico.

Incluso al extraer estos fangos con sumo cuidado, a veces los científicos observaban un importante fenómeno: las capas no estaban intactas ni inalteradas, sino que había fenómenos de bioturbación, es decir, los organismos vivos habían removido el sedimento que se había depositado junto a los foraminíferos. Esto dificultaba un poco más las tareas de datación, ya que a veces se mezclaban diferentes capas, fruto de la actividad biológica de los organismos bioturbadores.

Aunque esta técnica no solo se puede aplicar a los sedimentos marinos, en esa época era bastante fácil procesar los foraminíferos extraídos del fango para su análisis, y ofrecían un registro más continuo y minucioso. De hecho, Urey ya usó foraminíferos del Cretácico para estimar las temperaturas en 1950, pero el registro rocoso resultaba a veces incompleto y daba saltos temporales.

¿Y cómo se provoca esta diferencia en los isótopos de oxígeno del agua? En el agua del mar podemos encontrar de manera natural moléculas de agua con oxígeno 16 y 18. Cuando el agua del mar se evapora, las moléculas de oxígeno-16 se evaporan más fácilmente (digamos que son más ligeras). Eso no quiere decir que no se evaporen también las de oxígeno-18, solo que lo hacen a un ritmo menor.

Conforme va surgiendo el vapor de agua, comienza a condensarse en forma de nubes. Y cuando comienza a llover desde estas nubes, cae preferentemente el oxígeno-18 frente al oxígeno-16. Si siguen avanzando estas nubes y descargando agua, conforme se van alejando de donde se formaron, seguirán perdiendo preferentemente este oxígeno-18 con respecto al oxígeno-16. Al llegar a los polos, estas nubes habrán perdido por el camino una gran proporción del isótopo pesado del oxígeno, y al nevar y formarse los hielos, la nieve que cae estará más enriquecida con oxígeno-16. Como no llueve (o nieva) directamente sobre los polos, sino que los frentes nubosos van avanzando, parte del agua condensada en las nubes vuelve a los mares y océanos, lo cual aumenta la proporción de oxígeno-18, especialmente durante periodos glaciales. Así es como una gran parte del agua dulce queda atrapada con una proporción muy alta de oxígeno-16, ya que las nubes que llegan hasta las zonas más frías han perdido mucho oxígeno-18.

Pues bien, son las variaciones en la proporción entre oxígeno 16 y 18 las que quedan registradas en la concha de los foraminíferos, de tal manera que somos capaces de calcular la temperatura que existía cuando vivían estos organismos. Eso sí, antes decíamos que hay dos tipos de foraminíferos, los planctónicos y los bentónicos. Para estudiar la temperatura global usamos normalmente los bentónicos, ya que nos aportan datos sobre la temperatura en el interior de la masa de agua, que es mucho más estable. Si usáramos los planctónicos, muchas veces obtendríamos tan solo el valor de las capas más superficiales del agua, que están directamente afectadas por el viento y la energía solar, lo que puede inducirnos a errores de interpretación.

LA CRISIS DE SALINIDAD DEL MESSINIENSE: CUANDO EL MEDITERRÁNEO SE QUEDÓ EN UN CHARCO

En la década de los setenta, una expedición oceanográfica que estudiaba las profundidades del Mediterráneo descubrió que bajo el fondo del mar existían grandes depósitos de sal. Algunos superaban los tres mil metros de espesor a muy poca profundidad por debajo del suelo. Por un lado, esto quería decir que las sales tenían que haberse depositado en un periodo reciente debido a la poca profundidad, pero, por otro, significaba que tuvo que ocurrir una gran catástrofe que provocara el depósito de todas esas sales en un mar que hoy día está abierto. Para que nos hagamos una idea, durante este periodo, los océanos de la Tierra perdieron en torno al 5 % de su contenido en sales, que quedaron almacenadas en el fondo del mar Mediterráneo.

No solo eso. Cuando comenzaron a realizarse los primeros mapas detallados del fondo del mar Mediterráneo, los científicos vieron aparecer grandes cañones que llegaban hasta el fondo del mar. ¿Cómo podía explicarse la presencia de unos cañones que parecían seguir el curso de los ríos desde su desembocadura? Estos datos parecían indicar que el Mediterráneo habría estado prácticamente seco durante al menos trescientos mil años, dejando un gigantesco valle árido en lo que hoy es el mar, ya que los científicos fueron capaces de datar con precisión el momento en que se depositaron y dejaron de depositarse las capas de sal.

¿Cómo había sido posible? Para que se hubiese producido esta formación de sales a tan gran escala tenía que existir un periodo en el que la evaporación hubiera sido tan grande que el agua del Mediterráneo fuese volviéndose cada vez más salada, hasta llegar a precipitar en el fondo del mar. Esto parecía indicar que se evaporaba más agua de la que entraba al mar, pero eso no tenía ningún sentido, salvo que la temperatura de la Tierra hubiese sido elevadísima, cosa que no había ocurrido.

Hagamos un receso para explicar el proceso que pudo tener lugar en el Mediterráneo. Si llenamos un vaso transparente de agua del grifo y comenzamos a echar sal poco a poco y a remover, al principio la sal se disolverá en el agua y solo la notaremos si damos un lengüetazo al agua (mejor ni pensar en beberla). Si dejamos este vaso al Sol, o en un sitio donde haga calor, el agua irá evaporándose poco a poco, hasta que llegará un momento en el que veremos que el agua no puede mantener la sal disuelta y esta comienza a precipitar como un sólido en las paredes del vaso. Si echamos un poco más de agua al vaso, esta sal volverá a disolverse. Si nos olvidamos del vaso durante unos días, el agua se habrá evaporado en su totalidad, y observaremos que ahora vuelve a aparecer sobre las paredes y en el fondo del vaso la misma cantidad de sal que habíamos echado en el vaso, que previamente estaba disuelta y solo podíamos detectarla por su sabor. Pues bien, este sencillo ejemplo del vaso suponía un verdadero quebradero de cabeza para el Mediterráneo, ya que está abierto al océano Atlántico por el oeste, y nunca había estado cerrado. Por lo tanto, le entraba continuamente agua desde el océano, lo cual hacía muy difícil que ocurriese lo mismo que pasaba en nuestro vaso al dejarlo varios días al Sol. Pero está claro que algo tuvo que ocurrir y que, durante una época, la entrada de agua desde el Atlántico tuvo que estar restringida, de tal manera que el Mediterráneo quedase completamente cerrado, recibiendo únicamente el agua de la lluvia y la aportada por los ríos que desembocaban en él.

Una de las teorías más aceptadas sugiere que hace unos seis-siete millones de años, lo que en la actualidad es la zona próxima al estrecho de Gibraltar comenzó a elevarse por la colisión entre la placa euroasiática y la africana, lo cual cerró el paso de las aguas del océano Atlántico. Pero no solo eso, sino que una bajada generalizada en los niveles del mar producida por un descenso de las temperaturas y por el crecimiento de los hielos de la Antártida pudo ayudar también a aislar el mar del océano. Posteriormente, un periodo cálido provocaría un aumento de las temperaturas, y con él, el deshielo de parte de la Antártida. Eso contribuiría a la subida del nivel del mar globalmente y, junto con otros factores, haría que se rompiera este dique natural y se inundase de nuevo el mar Mediterráneo.

Esa no es la única teoría que explica cómo pudo cerrarse el Mediterráneo. Recientemente se ha propuesto que, en realidad, lo que hoy es el estrecho de Gibraltar nunca estuvo cerrado, sino que tuvo que existir un puente de tierra diferente entre Europa y África, y algunas evidencias sugieren que el estrecho de Gibraltar siempre estuvo abierto. Este puente podría encontrarse en lo que hoy es la zona del mar de Alborán, donde la actividad volcánica de la época podría haber provocado la aparición de un archipiélago y una elevación del fondo marino lo suficientemente importante como para cerrar el paso de las aguas del Atlántico. Esto, junto con el descenso del nivel del mar provocado por un periodo más frío, explicaría la crisis de salinidad del Messiniense.

Además, esta hipótesis viene avalada por el estudio de los fósiles de animales terrestres encontrados en el Norte de África y el sur de la península Ibérica. Se ha postulado que los patrones de intercambio faunístico y de aparición de nuevas especies requieren un puente de tierra más duradero que el que hubiese existido si hubiera estado cerrado el estrecho de

Gibraltar. A través de ese puente se habrían trasladado las especies y repoblado distintas zonas.

En lo que parece que sí coinciden todos los investigadores es en cómo acabó esta crisis de salinidad: con una entrada catastrófica de aguas al Mediterráneo. Si fuese cierto el cierre del estrecho de Gibraltar, este dique natural se habría roto por causas desconocidas. Quizá por un aumento del nivel del mar, que fue saltándolo y erosionándolo hacia el Atlántico, como una cascada, hasta que acabó resquebrajándose. Quizá se abrió solo por efecto de los movimientos entre Europa y África. Al entrar el agua, la erosión se intensificaría e iría excavando este dique. De hecho, en el estrecho de Gibraltar puede apreciarse una gran incisión, fruto del paso del agua a gran velocidad, pero algunos autores sugieren que se formó en otra época anterior.

En el caso de que la teoría del arco volcánico fuese cierta, al acabar el periodo de vulcanismo, esta zona se enfriaría y se iría hundiendo lentamente. Probablemente, por alguna zona más débil se llegaría a provocar una entrada de agua masiva al Mediterráneo, al mismo tiempo que este archipiélago continuaría hundiéndose.

Algunos autores sugieren que el Mediterráneo pudo llenarse de nuevo en tan solo dos años, al subir el nivel del mar a un ritmo aproximado de diez metros al día. El agua entraría a una velocidad de trescientos kilómetros por hora, generando al mismo tiempo una gran erosión, que en algunos lugares sería tan intensa que devolvería parte de las sales capturadas al agua del mar. En algunos lugares aislados pudieron incluso formarse cascadas de más de mil metros de altura cuando el agua llegaba a algunas zonas elevadas con respecto a las zonas más profundas del mar. Sin duda, un evento geológico digno de observar.

Pero esta época de nuestra historia reciente dista mucho de estar resuelta. Sabemos que el secado del Mediterráneo no fue continuo, sino que ocurrió en varias etapas en las que el nivel del mar fluctuó hasta en más de mil metros, provocando ciclos en la deposición de las sales, algo que todavía precisa una explicación coherente. Así pues, todavía hay un final abierto. ¿Y si, después de todo, no llegó a secarse totalmente?

LA FORMACIÓN DEL HIMALAYA: EL TECHO DE LA TIERRA

Cuando pensamos en el punto más alto del mundo, siempre nos imaginamos la cima del Everest, en la cordillera del Himalaya. De hecho, es la única cordillera de nuestro planeta, junto con la del Karakórum, formada de manera más o menos simultánea a la del Himalaya, en la que existen picos que superan los ocho mil metros.

La cordillera del Himalaya mide más de dos mil cuatrocientos kilómetros de largo por ciento cincuenta de ancho, una verdadera monstruosidad en términos montañosos, especialmente si lo comparamos con una cordillera como los Pirineos, que apenas llega a los cuatrocientos kilómetros de largo por unos cien de ancho.

La altura de las montañas también es algo que depende mucho de cómo se mida. Es cierto que sobre el nivel del mar, el Everest es el punto más alto de la Tierra. Pero si empezamos a contar desde la base, en nuestro planeta tenemos lugares como el Mauna Kea, un volcán de la isla de Hawái, que tiene unos diez mil metros desde su base en el fondo del océano hasta su cima. O el Teide, que alcanza más de siete mil metros de altura sobre el fondo del océano Atlántico. Aun así, nuestras montañas quedan ensombrecidas por otras presentes en

DATO CURIOSO

¿Cuál es la montaña más alta del sistema solar?

La montaña más alta del sistema solar no se encuentra en nuestro planeta, sino en Marte. Se trata de Olympus Mons, un antiguo volcán que se eleva más de veinte kilómetros sobre la superficie del planeta rojo. Este gigantesco volcán se formó cuando Marte todavía tenía actividad en su interior y fue creciendo progresivamente a través de gigantescas erupciones.

Muy probablemente, un volcán de este tamaño no sería estable en la Tierra debido a su propio peso y al efecto de las propias erupciones. Pero puesto que la gravedad en Marte es mucho menor, y dado que carece de actividad, es posible que permanezca sobre la superficie muchos millones de años más sin apenas sufrir cambios.

Miranda, un satélite de Urano, rivaliza con Olympus Mons. Se trata del acantilado más alto que se conoce en todo el sistema solar, de alrededor de veinte kilómetros de altura. Es muy superior a los acantilados de nuestro planeta, que apenas superan el millar de metros de altura.

el sistema solar, como Olympus Mons, uno de los volcanes más impresionantes que conocemos y cuya altura supera los veinte kilómetros sobre la superficie de Marte. O también alguno de los volcanes de la luna volcánica Ío, uno de los satélites de Júpiter, cuya altura supera también los quince kilómetros. Sin embargo, en esos cuerpos hay gato encerrado, ya que una menor gravedad permite que existan montañas mucho más altas.

Pero centrémonos en el Himalaya. Hace unos ciento treinta millones de años, durante el Mesozoico, la placa que formaba la India comenzó a moverse hacia el norte a gran velocidad, a veces superando los quince centímetros por año. Hace ochenta millones de años, la India se encontraba ya a tan solo unos seis mil kilómetros del continente euroasiático. Pero hace alrededor de cincuenta millones de años, la India comenzó a bajar su velocidad en torno a los cinco centímetros por año. Esta reducción de la velocidad nos indica que la colisión entre la India y el continente ya estaba iniciándose, y que la resistencia de las rocas empezaba a influir en la colisión. Entonces, la placa euroasiática comenzó a plegarse y a fracturarse como consecuencia de la colisión. Consiguientemente, parte de estas rocas se superpusieron unas sobre otras, como si la placa de la India fuese como una gigantesca pala quitanieves, y eso aumentó el grosor de la corteza. En el Himalaya, la corteza llega a más de setenta y cinco kilómetros de espesor, cuando la media está entre veinte y treinta kilómetros. Esta colisión ha hecho que la India se reduzca en más de mil kilómetros de longitud desde que empezó a chocar.

En esta colisión se cerró el antiguo mar de Tetis, formado en las primeras etapas de la ruptura de Pangea, hace aproximadamente doscientos setenta millones de años. Parte de las rocas del fondo de ese mar acabaron plegándose y colocándose sobre el continente. De hecho, en la cima del Everest, las rocas están formadas por antiguos sedimentos marinos. Se han descubierto fósiles de trilobites, crinoides (un familiar de los erizos de mar) e incluso braquiópodos, unos crustáceos similares a los bivalvos, ¡a más de ocho mil metros!

La cordillera del Himalaya crece en altura a un ritmo aproximado de un centímetro por año, pero la erosión va prácticamente al mismo ritmo, por lo que no esperamos verla crecer mucho en los próximos años. Si lo pensamos en frío, si no hubiese erosión, en tan solo un millón de años crecería diez kilómetros. A modo de comparación, en el mismo periodo,

Sierra Nevada solo crecería unos doscientos metros. Sin embargo, a lo largo del tiempo ha habido periodos en que el crecimiento del Himalaya ha superado a su erosión, en función de multitud de factores, especialmente factores ligados a la dinámica de nuestro planeta, que hacen que las cadenas montañosas sigan creciendo o se mantengan; si se detuvieran estos movimientos, la erosión acabaría transformando incluso las cordilleras más grandes en simples llanuras.

Precisamente la velocidad de colisión entre las placas podría ser uno de los factores importantes a la hora de crear montañas, ya que las rocas no se comportan de la misma manera a distintas velocidades. Me explico. Cuando vamos por la calle y pisamos un escalón de mármol, este no se deforma, al menos aparentemente. En cambio, si cogemos el recubrimiento de mármol de ese escalón y lo tiramos contra el suelo, acabará rompiéndose, porque se comporta de una manera frágil, ya que hemos aplicado una fuerza casi instantánea al golpearlo contra el suelo. Si, por el contrario, aplicásemos una gran fuerza sostenida sobre el mármol a lo largo del tiempo geológico, este, a la larga, podría deformarse e incluso plegarse como un folio; incluso le costaría menos plegarse si estuviera sometido a unas mayores presión y temperatura, como las que hay en las profundidades de la corteza.

Esto es muy importante no solo para el crecimiento de la montaña, sino a la hora de estudiar e intentar predecir la actividad sísmica. Los estudios más recientes sugieren que la magnitud y la frecuencia de los terremotos, especialmente en zonas como el Himalaya, donde se está produciendo una colisión activa entre dos placas, están directamente relacionadas con la velocidad de colisión entre estas placas; de la misma manera que el mármol se comportará de una manera frágil o podremos deformarlo dependiendo de con qué rapidez apliquemos esa fuerza.

DATO CURIOSO
La meteorización

En distintos momentos del libro hemos hablado del proceso de meteorización de las rocas y su importancia para la captura del dióxido de carbono, pero ¿qué es exactamente?

Este proceso destructivo consiste en la ruptura y disgregación de las rocas en la superficie terrestre por acción de agentes atmosféricos (agua, hielo, viento, etc.) y biológicos.

Hay tres tipos de meteorización: una física o mecánica, que consiste en la ruptura y disgregación de las rocas sin ningún cambio en su composición química. Puede producirse por los procesos de dilatación y contracción térmicas, fruto de los ciclos del día y la noche sobre las rocas. Por ejemplo, puede darse cuando en las grietas quedan gotas de agua que se congelan durante la noche, y al formarse el hielo, actúan como una cuña.

También existe una meteorización química, en la que compuestos como el dióxido de carbono disuelto en el agua, o cualquier otro ácido, ayudan a disolver diferentes minerales de la roca. También hay minerales que pueden oxidarse, especialmente los que contienen hierro o minerales que se transforman en otros por la acción del agua, como en algunas rocas ígneas cuyos minerales se transforman en arcillas.

Y, por último, está la meteorización biológica, en la que las plantas, especialmente las raíces, ayudan a romper la roca. Las raíces pueden tener un efecto mecánico, ampliando las fracturas ya existentes en la roca, pero también pueden liberar ácidos que ataquen de una manera química a las rocas. Los líquenes que a veces vemos sobre las rocas también las atacan, creando pequeñas superficies de erosión. Los animales pueden favorecer la meteorización fabricando principalmente galerías en el subsuelo.

Pero, sin duda, el mayor agente biológico de meteorización en la actualidad es el ser humano, que es capaz de destruir grandes cantidades de roca, ya sea para extraer recursos, ya sea para ganar terreno.

ZELANDIA, UN CONTINENTE PERDIDO

Es cierto que conocemos peor el fondo de los océanos que la superficie de la Luna. A pesar de los increíbles avances tecnológicos de las últimas décadas, estudiar con detalle el fondo oceánico sigue siendo un reto mucho mayor que enviar un satélite a nuestra vecina cósmica.

A la hora de estudiar los fondos oceánicos nos enfrentamos a varios problemas importantes. Por un lado, los fondos son invisibles a la vista, ya que están bajo el agua. Son precisamente las grandes profundidades y las presiones asociadas las que nos dificultan mucho el acceso con la tecnología actual, ya que muy pocos submarinos son capaces de llegar a esos lugares. Por otro lado, está la gran superficie que ocupan los océanos, así que probablemente necesitaríamos décadas para poder explorarlos en detalle.

Por eso tenemos que depender de muchos datos indirectos para poder estudiar los océanos. Uno de ellos es precisamente conocer cómo es el fondo y a qué altura se encuentra, como un mapa topográfico de la superficie de la Tierra. Así podemos dibujar las fosas, las cordilleras y otras formas submarinas, e intentar averiguar su origen y sus relaciones.

Gracias a los estudios de las elevaciones submarinas, especialmente los datos obtenidos en los últimos cuarenta años, los científicos afirman haber descubierto un nuevo continente, el séptimo, del que forma parte Nueva Zelanda. Este continente, que conocemos como Zelandia y que tenía una superficie similar a la de la India, empezó a sumergirse hace unos sesenta millones de años. De hecho, podríamos decir que Nueva Zelanda es lo que queda emergido de Zelandia, como una cadena montañosa que destaca sobre la llanura.

Zelandia formaba parte del supercontinente Gondwana, formado tras romperse Pangea hace unos doscientos millones de años. Hace unos ochenta y cinco millones de años, Zelandia comenzó también a separarse de lo que son las costas de Australia y la Antártida, moviéndose a su posición actual. Y acabó sumergiéndose por completo hace unos veinte millones de años. Los barcos oceanográficos han podido comenzar a perforar en las rocas de Zelandia, y se ha descubierto que las rocas que hoy están a más de mil metros de profundidad formaban parte de una tierra emergida y de mares poco profundos.

Hasta el momento, los científicos han sido capaces de analizar casi diez mil ejemplares fósiles de esporas y semillas de plantas terrestres extraídos de las rocas, junto con fósiles de organismos marinos que vivían en aguas templadas y poco profundas, una prueba irrefutable de la antigua existencia de tierra emergida. Además, la edad de los fósiles y el clima coinciden perfectamente con los que había en Gondwana justo antes de la separación de Zelandia.

Lo que todavía no tenemos muy claro es qué pudo causar que un continente emergido se hundiese en un periodo tan reciente, dejando menos de un 10 % de su superficie por encima del nivel del mar. Tampoco sabemos si esos procesos podrían volver a darse en el futuro, aunque dado el ritmo al que se hundió Zelandia, en torno a los cuarenta millones de años, no parece que sea preocupante.

CAPÍTULO 7

EL CUATERNARIO:

LAS OTRAS EDADES DE HIELO

Aunque, estrictamente, el Cuaternario forma parte de la Era Cenozoica, hemos decidido darle un protagonismo especial porque en él da comienzo nuestra historia como especie. También porque debido a su proximidad temporal es el periodo del que tenemos un mejor registro geológico que estudiar si lo comparamos con otros periodos anteriores.

Sin embargo, la historia de este periodo es también muy reciente. En 1821, el ingeniero suizo Ignaz Venetz-Sitten sugirió por primera vez que, en algún momento, los glaciares montañosos —él se había fijado en los de los Alpes— habían tenido dimensiones mucho mayores. Bueno, tampoco es que fuera por primera vez, dado que algunos montañeros de la época ya tenían la sospecha de que los bloques de roca errantes que aparecían en los valles alpinos fueron dejados en realidad por antiguos glaciares tras su desaparición.

Un año después, al estudiar los glaciares suizos, el científico Louis Agassiz se dio cuenta de que Venetz podría tener razón, aunque al principio no le convenciera demasiado su teoría. Durante los años posteriores, Agassiz estudió los glaciares de los Alpes, observando el movimiento de estos con los años y documentando las formas que veía en el paisaje en relación con ellos. También viajó por Europa, donde se reunió con geólogos como Charles Lyell en busca de pruebas que confirmasen que no solo las regiones alpinas habían estado cubiertas

de hielo en el pasado, sino que otros países del entorno europeo podrían haber sufrido un destino similar.

Completó parte de sus estudios sobre los glaciares en el continente americano, donde en 1840 presentó su teoría de que Norteamérica había estado cubierta por glaciares de más de tres mil metros de altura que en algunos lugares llegaron hasta prácticamente la mitad del país. Aunque estas afirmaciones fueron duramente recibidas, hoy sabemos que acertó en gran medida en sus predicciones y que, en un pasado reciente, nuestro planeta ha sufrido diversas glaciaciones con efectos muy visibles aún en el presente. En realidad, lo que hizo Agassiz fue estudiar con detalle los efectos de la última glaciación, la primera descubierta desde la geología, y que abrirían la puerta al descubrimiento de nuevos periodos glaciares en el pasado.

Precisamente, la historia del Cuaternario está ligada al cambio climático que ha sufrido nuestro planeta en los últimos 2,6 millones de años. En este periodo salimos de un periodo cálido para sumirnos en un ciclo de glaciaciones (conocidas popularmente como «la edad de hielo») y periodos interglaciares más cálidos que se extienden hasta nuestros días. Estos cambios en el clima afectaron en gran medida a las poblaciones animales y humanas, provocando grandes migraciones. Aunque la Tierra lleva sometida a un enfriamiento generalizado aproximadamente los últimos catorce millones de años, esta tendencia se viene notando incluso antes, desde hace unos cincuenta millones de años tras el Óptimo Climático del Eoceno.

A grandes rasgos, desde el inicio del Cuaternario hasta nuestros días (que en tiempo geológico es apenas un suspiro), apenas ha cambiado la distribución de los continentes. Eso sí, la superficie de nuestro planeta ha sufrido grandes cambios durante este periodo debido al avance y retroceso de las masas glaciales sobre los continentes, cuyas cicatrices todavía son bien visibles en la actualidad.

Y es precisamente esta historia cuaternaria la que acaba con otro cambio climático, pero esta vez artificial, de origen antrópico, causado por la quema de combustibles fósiles desde la revolución industrial. Se trata del calentamiento global, que puede sacarnos precisamente de este ciclo frío-calor para instalarnos en unas condiciones muy diferentes a las que ni nosotros ni la biodiversidad de la Tierra podrán adaptarse a la misma velocidad con que ocurre este calentamiento. ¿Estaremos sentando las bases de una extinción cuaternaria?

Habréis visto que a lo largo del libro se ha hablado muchísimo del clima en la Tierra en un libro dedicado a la geología. ¿Por qué? Porque para estudiar los climas del pasado hacemos siempre uso de los datos que nos aporta la geología sobre los sedimentos formados durante las distintas eras o periodos. Porque a través de la paleontología también estudiamos las variaciones ambientales en los distintos organismos que aparecen y desaparecen. Y, por supuesto, porque la propia geología, a través de los volcanes y la tectónica de placas, entre otros elementos, regulan el clima terrestre.

La historia de la Tierra que concluimos en este capítulo es una crónica en el que las distintas partes —biológica, climática y geológica— integran un solo libro cuyas líneas han sido escritas con la tinta de los procesos geológicos. Faltarán renglones y quizá capítulos, pero quién sabe si algún día podremos encontrar los fragmentos perdidos de esta historia que también es la nuestra.

¿TUVO LA ASTRONOMÍA LA CULPA? EL MOVIMIENTO DE LA TIERRA PUDO PROVOCAR LA EDAD DE HIELO CUATERNARIA

Parece que la Tierra siempre se mueve de la misma manera alrededor del Sol, imperturbable. Que los días duran lo mismo año tras año y que nuestros móviles son capaces de calcular cuándo empieza el día y la noche de una manera asombrosamente precisa. Sin embargo, a lo largo de nuestras vidas ocurren cambios imperceptibles en la órbita y el eje de rotación de nuestro planeta, que a lo largo de miles de años pueden tener una influencia crucial en el control del clima terrestre, al modificar la forma en la que llegan los rayos del Sol a la Tierra.

A principios del siglo XX, el científico serbio Milutin Milankovitch estudió estas variaciones en algunos parámetros astronómicos de la Tierra y su efecto en nuestro clima. Llegó a la conclusión de que los ciclos glaciales están controlados principalmente por la cantidad de energía solar que llega a nuestro planeta. Estos ciclos que controlan el clima terrestre se denominan «ciclos de Milankovitch».

El primero de estos ciclos es el que controla la forma de la órbita de la Tierra, llamado también «ciclo de la excentricidad». Tendemos a pensar que los planetas giran alrededor del Sol en órbitas o trayectorias perfectamente circulares, pero en realidad se parecen más a una elipse que a un círculo. La órbita de nuestro planeta es prácticamente circular (por poco) y algo elíptica. Esta variación en la forma de nuestra órbita se debe principalmente al tirón que nos provocan dos de los gigantes gaseosos, Júpiter y Saturno. Si la Tierra estuviese sola en el sistema solar, su órbita permanecería imperturbable a lo largo del tiempo, pero no es así.

Este ciclo tiene tres componentes periódicos, uno más fuerte cada cuatrocientos trece mil años, otro cada ciento veinticinco mil años y otro cada noventa y cinco años. En la actualidad, entre el momento del año en el que estamos más cerca del Sol y en el que estamos más lejos solo hay una diferencia del 7 % en cuanto a la energía solar que recibimos, pero cuando este ciclo tiene su máxima amplitud, la diferencia alcanza casi un 25%.

Después tenemos el «ciclo de oblicuidad», el responsable de que varíe la inclinación del eje de rotación de la Tierra. El eje de rotación es la línea imaginaria alrededor de la que gira nuestro planeta, y esta inclinación es la responsable última de las estaciones. Actualmente, nuestro eje de rotación se encuentra inclinado unos 23,4 grados con respecto al plano de la órbita terrestre, pero varía entre los 22,1 y 24,5 grados cada 41.000 años por la influencia de los otros planetas.

Afortunadamente, nuestro satélite, la Luna, permite que esta inclinación varíe muy poco porque su gravedad ejerce un gran efecto sobre nosotros que permite una estabilización de nuestro eje. Sin embargo, en planetas como Marte, donde no hay un gran satélite capaz de amortiguar el efecto de la gravedad de los demás planetas, el eje de rotación llega a variar hasta los sesenta grados. Esto hace que, durante largos periodos de tiempo, el clima polar se adueñe de las latitudes ecuatoriales, y el clima ecuatorial, de los polos, al revés de como debería ocurrir.

Cuando la inclinación del eje terrestre se encuentra en su valor máximo, las regiones polares reciben más radiación solar y las ecuatoriales menos, de modo que se funde más hielo y nieve en las regiones polares y el clima se vuelve más cálido. En cambio, cuando la inclinación del eje terrestre se encuentra en valores mínimos, ocurre justo lo contrario, lo cual favorece las glaciaciones.

El último de los ciclos que estudió Milankovitch fue el de precesión. Este ciclo controla adónde apunta el eje de rotación de la Tierra. Es el responsable, entre otras cosas, de que no todo el tiempo sea la estrella polar la que marque nuestro eje de rotación. Y no solo eso, sino que también cambia la posición en la órbita terrestre en la que ocurren las estaciones, cambiándolas de fecha, modulando la intensidad de las estaciones.

Aunque la teoría de Milankovitch funciona a grandes rasgos, tiene varias cuestiones por resolver, puesto que hay factores internos que pueden tener una gran influencia en el clima terrestre. Una de las mayores dificultades de esta teoría es explicar el «problema de los cien mil años». Desde hace un millón de años, el ciclo de glaciaciones que ocurría cada cuarenta y un mil años como fruto del ciclo de oblicuidad cambia a un ciclo en el que las glaciaciones pasan a ocurrir cada cien mil años. Probablemente, este efecto se debe a que los océanos absorben una cantidad extra de dióxido de carbono de la atmósfera, lo cual hace que las temperaturas aún desciendan más al retirarse este gas de efecto invernadero. Esto a su vez provoca que los casquetes glaciales crezcan más, impidiendo que el dióxido de carbono vuelva a la atmósfera desde el océano y provocando un enfriamiento mayor. De alguna manera sería un efecto que se retroalimentaría a sí mismo.

Pero hay otra explicación astronómica para este hecho, y es que la variación en cuanto a inclinación de la órbita terrestre en su giro alrededor del Sol, cuyo ciclo es de aproximadamente cien mil años, podría ser la causa de esta variación en el ciclo de las glaciaciones. El motivo es que en determinadas posiciones, la Tierra se encontraría con mayores cantidades de polvo interplanetario capaces de alterar su clima, ya que este absorbería parte de la energía solar y nuestro planeta recibiría menos.

¿QUÉ OCURRIÓ EN EL DRYAS RECIENTE?

Hace alrededor de doce mil novecientos años, nuestro planeta se encontraba saliendo poco a poco del último ciclo glacial. Los casquetes de hielo habían retrocedido en los continentes y el nivel del mar había subido unos setenta metros en respuesta a este ciclo templado que había empezado unos dos mil años antes.

Pero, de repente, algo cambió. Esta tendencia al calentamiento fue interrumpida de una manera brusca por un pulso frío, en apenas cuestión de décadas. Este evento climático recibe el nombre de Dryas Reciente, llamado así en honor a la *Dryas octopetala*, una planta con flor que tolera muy bien las condiciones frías y que, de repente, vuelve a aparecer en el registro fósil de aquellos lugares de donde se había retirado previamente por el aumento de las temperaturas que se estaba produciendo. Este cambio en las condiciones climáticas del planeta, que duró algo más de mil años, llegó a provocar bajadas de temperatura de hasta diez grados con respecto a las temperaturas medias del planeta. Esto alteró gravemente los ecosistemas, provocando migraciones en las poblaciones humanas, e incluso la desaparición de alguna de estas, como la de los clovis.

DATO CURIOSO

¿Cuál es el hielo más antiguo de la Tierra?

Aunque parezca una pregunta trivial, encontrar hielo antiguo nos resulta muy útil, ya que nos permite estudiar el clima de la Tierra e, incluso, si hay burbujas de aire atrapadas, estudiar con detalle la composición de la atmósfera en el momento en que se depositó la nieve que posteriormente formó el hielo. Por eso, los científicos buscan hielo cada vez más antiguo, especialmente en la Antártida. Uno de los últimos descubrimientos fue hielo con una edad aproximada de 2,7 millones de años. Y se sigue intentando encontrar hielo todavía más antiguo, especialmente en el centro del continente helado.

Sin embargo, hay un problema: el hielo, en contacto con el fondo rocoso, puede comenzar a fundirse, ya que a veces se encuentra a una temperatura bastante alta. Esto hace que se destruya el registro de hielo conforme pasa el tiempo. A veces incluso se forman sistemas de ríos bajo el hielo fruto de la fusión del hielo, acelerando este proceso y haciendo que perdamos unas valiosas páginas de la historia climática de nuestro planeta.

Sobre la causa de este pulso frío hay diversas teorías, entre las que destacan dos. La primera es que el impacto de un cometa o asteroide pudo provocar el lanzamiento a la atmósfera de una gran cantidad de polvo, lo cual bloqueó la entrada de luz solar. La segunda es que tal vez un parón en las corrientes oceánicas afectó al clima global. Fuera cual fuera la verdadera causa, tenemos que aprender de ambas una importante lección, ya que en la actualidad seríamos capaces de evitarlas.

La primera teoría afirma que el impacto de un cometa o asteroide proveniente del espacio lanzó a la atmósfera una gran

cantidad de polvo expulsado tras el impacto. Esto impidió la entrada de luz solar a nuestro planeta y, por lo tanto, hizo bajar las temperaturas, al menos durante un par de años, tiempo suficiente para que la mayor parte de estas partículas se depositaran de nuevo sobre la Tierra; fue algo parecido al impacto del Cretácico-Paleógeno, pero a mucha menor escala. Por otro lado, este impacto provocó grandes incendios en nuestro planeta, quemando alrededor del 10 % de los bosques y provocando una catástrofe ecológica en la que algunas especies sufrieron un gran revés y acabaron desapareciendo más tarde. Como prueba de estos incendios se han encontrado capas de ceniza importantes en algunos yacimientos de Norteamérica, en ambas costas, aunque faltan datos a nivel global para conocer la verdadera extensión de estos incendios.

Esta teoría ha gozado de momentos de mayor y menor popularidad, ya que un impacto de semejantes dimensiones, capaz de alterar el clima global, debería haber dejado algún tipo de cráter en el suelo que todavía se conservase debido a su juventud en términos geológicos... Siempre que el impacto no hubiese sido contra el océano. No fue hasta hace unos pocos años cuando un equipo de científicos descubrió bajo el hielo del glaciar Hiawatha, en Groenlandia, un cráter de unos treinta y un kilómetros de diámetro que podría estar relacionado con el cambio climático del Dryas Reciente. Desgraciadamente, todavía sigue el debate en torno a la edad, que podría ser de hasta un par de millones de años.

Pero esta no es la única prueba a favor del impacto. En Norteamérica se han estudiado en detalle sedimentos depositados a lo largo de todo el continente antes del inicio del Dryas Reciente. En ellos se ha descubierto la presencia de picos de concentración de platino e iridio (elementos muy comunes en cometas y asteroides, pero menos en la corteza terrestre), junto con nanodiamantes, que son diamantes microscópicos que se pueden formar por un impacto debido a las grandes presiones y temperaturas ocurridas durante el Dryas Reciente.

Pero la teoría que tiene más fuerza es mucho más preocupante, ya que refleja una situación que podría darse de nuevo dentro de relativamente poco tiempo: el parón en la circulación termohalina. Esta circulación de las aguas del océano funciona como una gigantesca cinta transportadora de calor. Las aguas que se calientan en las zonas ecuatoriales de nuestro planeta, dada su menor densidad, van flotando hacia los polos, donde su temperatura favorecerá un clima más cálido. En cambio, en los polos, el agua fría y cargada de sales mucho más densa se hunde hacia el fondo del océano y viaja hasta las latitudes bajas, donde se calienta e inicia el ciclo de nuevo. Lo que pudo ocurrir es que al inicio del periodo interglaciar comenzó a entrar una gran cantidad de agua dulce a los océanos, fruto del deshielo de los casquetes de hielo continentales. Estas aguas dulces, menos saladas, y por lo tanto menos densas, impedirían una correcta circulación termohalina, frenando esta transferencia de calor y provocando un cambio hacia condiciones más frías en las zonas polares que iría extendiéndose cada vez más hacia las zonas más bajas.

Esto, que puede parecer algo imposible y lejano, podría pasar como consecuencia del calentamiento global, al fundirse los casquetes polares como el de Groenlandia o la Antártida. Todas estas aguas entrarían en el océano y podría desencadenarse una nueva edad del hielo en cuestión de unos años o de unas pocas décadas. Lo cierto es que, actualmente, la circulación termohalina se encuentra en un momento de debilidad.

VOLCANES Y CALENTAMIENTO GLOBAL

En varias ocasiones a lo largo de la historia de nuestro planeta ha quedado clara la gran influencia que tienen los volcanes en el clima terrestre. Lo curioso es que hay erupciones que son capaces de provocar un enfriamiento del planeta, mientras que otras lo calientan, si bien en casi todos los casos, el calentamiento supera con creces al enfriamiento.

Cuando miramos la Antártida en un mapa o en una foto de satélite, lo que quizá nos llama más la atención es su blanca monotonía, solo interrumpida por algunas cadenas montañosas cuyos colores oscuros destacan sobre la nieve y el hielo que la cubren perpetuamente. Pero a veces hay que mirar un poco más adentro, en las profundidades del hielo, para encontrar respuestas a nuestras preguntas. La Antártida tiene aproximadamente ciento treinta volcanes, algunos de casi cuatro mil metros de altura, escondidos bajo el hielo. ¿Qué daño pueden hacer unos volcanes de los que nunca hemos registrado ninguna actividad? Pues mucho más del que pensamos. Especialmente porque pueden ser una fuente de calor que funda parte del hielo de la Antártida sin previo aviso, emitiendo al océano grandes cantidades de agua dulce que afecten a la circulación termohalina.

Esto ya podría haber ocurrido al inicio del último periodo interglaciar, ese que se vio interrumpido por el Dryas Reciente del que hablábamos antes, ya que hace unos diecisiete mil setecientos años ocurrieron erupciones en la Antártida durante un periodo de casi doscientos años en uno de sus volcanes más importantes, el monte Takahe. Estas erupciones habrían lanzado una gran cantidad de halógenos, unos compuestos capaces de destruir la capa de ozono de una manera muy efectiva hacia las capas más altas de la atmósfera. Y eso habría provocado grandes cambios que acelerasen la llegada del periodo interglaciar.

Pero si os dijera que, además, el calentamiento global podría causar la erupción de más volcanes en la Antártida, ¿qué pensaríais? Probablemente que estamos condenados, de alguna manera, a sucumbir al calentamiento global. Tal vez, conforme los hielos de la Antártida comiencen a fundirse con el aumento de las temperaturas (y no solo en la Antártida, sino en zonas como Islandia), la liberación del peso del hielo sobre los volcanes haga que estos entren en erupción, ya que la presión ejercida por el hielo actúa de alguna manera como un tapón.

Este tipo de fenómenos los hemos podido observar de otra manera en volcanes activos lejos del hielo. Cuando una de las laderas del volcán colapsa por la gravedad y provoca un deslizamiento, esta liberación de presión puede provocar una erupción. Y lo mismo podría ocurrir con el hielo. Un aumento de la actividad volcánica por el deshielo podría provocar, a su vez, un aumento en la emisión de gases de efecto invernadero, lo que contribuiría todavía más al aumento de las temperaturas, llevándonos posiblemente a una catástrofe climática sin precedentes.

DATO CURIOSO

¿A qué temperatura se encuentra la lava de los volcanes?

La temperatura de la lava de los volcanes varía mucho dependiendo de su composición química. De hecho, hay lavas que rondan los setecientos grados centígrados, que suelen ser las más viscosas y lentas, y lavas a más de mil doscientos grados, que son muy fluidas, y que cuando salen a la superficie, son capaces de recorrer grandes distancias, a veces varias decenas de kilómetros, antes de enfriarse y solidificarse.

Pero hay composiciones más raras todavía, como la de las carbonatitas, un tipo de lava poco común por su composición. Se trata de la lava más fría de todas, ya que su temperatura es de alrededor de seiscientos grados centígrados. Este tipo de lava solo fluye en la actualidad a través de un volcán todavía activo, el Ol Doinyo Lengai, en Tanzania, aunque hay muchos más ejemplos inactivos. Este tipo de lava es muy interesante desde el punto de vista económico, ya que es capaz de agrupar grandes concentraciones de elementos raros útiles para la industria, especialmente la electrónica.

CUANDO LA HUMANIDAD CASI SE EXTINGUE... ¡O NO!

El universo e incluso nuestro planeta tienen un plan malévolo para acabar con nosotros, y si no es así, al menos lo parece. Hace setenta y cuatro mil años, el volcán de Toba, ubicado en la isla de Sumatra, entró en erupción, provocando una de las mayores erupciones registradas en los últimos dos millones de años. El volcán emitió tanta lava que podría haberse cubierto toda la superficie de la península Ibérica con una capa de lava de cinco metros de espesor.

Aunque no fuera de las mayores erupciones registradas en la historia de la Tierra, tenía algo de especial. El primer registro que se tiene de ella es de 1929, cuando el geólogo holandés Rein Van Bemmelen descubre en la orilla del lago Toba, que antiguamente era el edificio volcánico de este volcán, unas capas de ignimbrita, una roca depositada por flujos piroclásticos. Estos son unos flujos de gas y materiales volcánicos a muy alta temperatura que pueden moverse a gran velocidad por las laderas de los volcanes, llegando a desplazarse en algunos casos hasta a setecientos kilómetros por hora.

Si existía esta roca, significaba que tenía que haber un volcán cerca que la hubiese podido depositar. Van Bemmelen pensó ya entonces que el lago Toba era en realidad el resultado de la erupción de un antiguo volcán, que había desaparecido tras una gran erupción y había formado una caldera volcánica ahora ocupada por un lago.

Poco a poco se fueron descubriendo depósitos de cenizas volcánicas hasta en África, lo que indicaba que la erupción tenía que haber sido tremendamente violenta, tan grande como para que la ceniza fuese capaz de viajar a grandes distancias. El hecho de estar muy cerca del ecuador permitió una mejor distribución de las cenizas volcánicas por toda la atmósfera gracias a los vientos alisios. Había tanta ceniza que nuestro planeta sufrió un oscurecimiento de casi una década, y se produjo una caída de las temperaturas a nivel global que duró alrededor de mil años. Un milenio con solo una erupción volcánica. Y os preguntaréis qué tiene que ver esto con la extinción de la humanidad.

En la década de los noventa, los científicos se dieron cuenta de que este cambio climático radical pudo diezmar la población humana, dejando tan solo unos pocos miles de supervivientes. Hace unos setenta mil años, nuestra especie, el *Homo sapiens* sufrió lo que denominamos un cuello de botella gené-

DATO CURIOSO

¿Hay volcanes en otros lugares aparte de la Tierra?

La Tierra no es el único planeta con volcanes. En lugares como la Luna o Marte, los volcanes parecen llevar mucho tiempo extintos, sin actividad, fruto del enfriamiento de su interior. Pero en las últimas décadas, gracias a la exploración espacial, hemos podido descubrir volcanes activos en otros cuerpos del sistema solar, algo impensable hasta la década de los ochenta del siglo pasado, ya que se creía que solo quedaba actividad geológica en la Tierra.

De hecho, uno de los lugares más activos del sistema solar es un satélite de Júpiter, conocido como Ío, cuya actividad volcánica es tan intensa que hace palidecer la de la Tierra. También en Venus parece existir actividad volcánica, aunque no hemos podido comprobarla de manera directa, sino que únicamente hemos observado el calor en ciertas partes de su superficie y un aumento de ciertos gases en su atmósfera que en la Tierra están relacionados con las erupciones volcánicas.

tico, en el que la diversidad genética de nuestra especie bajó de manera drástica y el número de individuos se redujo a apenas unos diez mil. Tras este episodio, la población volvería a recuperarse lentamente, así como a aumentar su número y diversidad genética.

Pero hasta los volcanes pueden jugarnos una mala pasada y engañarnos. Hasta ahora, todo lo que te he contado de la catástrofe de Toba es más o menos cierto, pero conforme conocemos más datos, la historia cambia ligeramente, y es importante recordar que a veces por mucho que creamos que sabemos sobre la historia de nuestro planeta, la aparición de

un nuevo dato puede cambiar por completo la interpretación que dábamos por sentada.

¿Y si esta caída en la diversidad genética y la erupción de Toba no tuvieron nada que ver entre sí? En los últimos años, los avances en la arqueología están aportándonos una visión más global de las poblaciones humanas en el pasado. En Sudáfrica se están descubriendo yacimientos humanos en los que se ha podido observar perfectamente el momento en el que ocurrió la erupción, ya que aparece claramente la capa de cenizas procedente del volcán de Toba. Lo normal sería que después de esta capa se apreciase un descenso en la actividad humana. Sin embargo, se está hallando justo lo contrario, lo que quiere decir que es muy probable que los efectos de la erupción no fuesen importantes en esta zona. Tampoco la población de neandertales en Europa pareció reducirse tras esta catástrofe volcánica, ni parece haber habido un cambio muy importante en los ecosistemas a nivel global.

¿Es posible que esta erupción afectase de una manera diferente a las distintas partes de nuestro planeta? Sí lo es. Las partículas de cenizas podrían haberse distribuido de una forma desigual por el planeta a causa de los vientos, y el volcán podría haber emitido una menor cantidad de gases. Cada erupción es muy diferente, y generalizar los cálculos suele acarrear problemas de interpretación.

Entonces ¿qué causó esta caída en la diversidad genética? Es probable que en esos momentos se estuvieran produciendo migraciones hacia fuera de África en grupos pequeños, cuya diversidad genética inicial era baja por el escaso número de miembros que formaban los grupos, donde quizá los individuos estaban emparentados entre sí. Tal vez sea este el efecto que estamos observando en el registro fósil, en vez de como consecuencia de haber estado muy cerca de la extinción.

EL CALENTAMIENTO GLOBAL QUE VIENE

La geología es quizá la ciencia de las catástrofes. Bueno, al menos de las catástrofes de estar por casa, ya que la física se encarga de los desastres cósmicos y galácticos. Si hemos dedicado tantas líneas en este libro a hablar de ellas es porque precisamente suponen un punto de inflexión y de cambio en la historia de la vida y de nuestro planeta.

Pero ahora tenemos un problema muy distinto, y es que nos acercamos quizá a una catástrofe global provocada únicamente por el ser humano: el calentamiento global. Y no es algo que vaya a ocurrir dentro de mil años, sino que es probable que nos esté afectando ya y marque la agenda medioambiental de las próximas generaciones de una manera drástica.

Sí, es cierto que el cambio climático es una constante a lo largo de la historia de la Tierra, un fenómeno que se ha dado de manera natural y sin intervención humana. Pero no es lo mismo que el clima cambie a lo largo de miles de años que lo haga en unos centenares de años, ya que la capacidad de adaptación de las especies, incluida la nuestra, puede no bastar para lo que venga. Y voy a ser sincero, ningún cambio climático es bueno, ni siquiera los naturales. De hecho, hay negacionistas del calentamiento global que lo llaman «cambio climático» para dejar claro que, desde su punto de vista, es un cambio natural, y que el ser humano nada tiene que ver con el calentamiento global.

Vale, sabemos que los cambios climáticos han ocurrido de manera brusca en algunas ocasiones, por el impacto de meteoritos o por las erupciones volcánicas, pero se trataba de fenómenos inevitables. Además, tampoco estábamos presentes nosotros, que es a quienes van dirigidas estas palabras a modo de advertencia si queremos seguir viviendo en nuestro planeta, porque de momento solo tenemos este (y que nos dure).

Remontémonos de nuevo al Paleozoico y al Mesozoico. Como recordaréis, es precisamente en este momento cuando se forman los yacimientos de carbón y petróleo. Las plantas y los organismos fotosintéticos capturaban el dióxido de carbo-

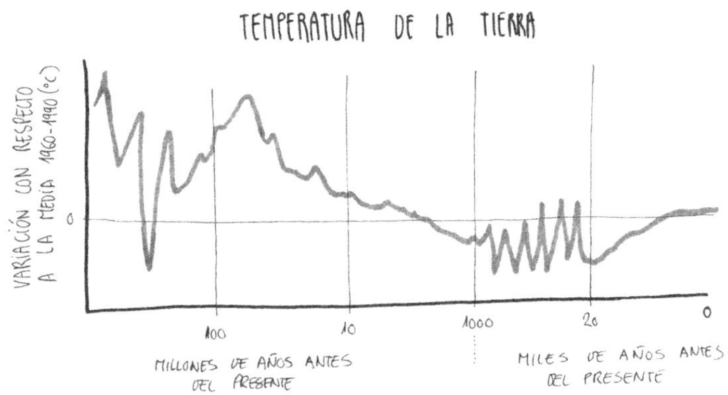

no del agua y de la atmósfera a modo de alimento para poder crecer y desarrollarse. Cuando estos organismos morían y eran enterrados, este dióxido de carbono que se había retirado de la atmósfera y de los océanos quedaba atrapado en la corteza terrestre en forma de combustibles fósiles. Hasta que llegó la revolución industrial y descubrimos que quemarlos era una buena idea..., o quizá no tanto.

Durante los siglos XVIII y XIX, el ser humano tuvo que buscar nuevas fuentes de energía. Por un lado, necesitaba energía para calentar las casas y cocinar, y por otro, la necesitaba para la industria, ya que otros combustibles no generaban calor de una manera tan eficiente, por ejemplo para calentar los hornos de fundición. Pero, además, la aparición de la máquina de vapor para el transporte y otros menesteres requirió el uso de grandes cantidades de carbón para funcionar. Incluso se usaba el carbón para bombear el agua de las minas de carbón y seguir con la extracción.

En el siglo XIX comenzó a usarse el petróleo como combustible de una manera más habitual. Ya se conocía su utilidad desde la antigüedad, y los coches empezaron a usarlo también a finales de ese mismo siglo gracias a la invención del motor de combustión por parte de Karl Benz. De repente comenzamos a quemar rápidamente los combustibles fósiles que la Tierra había tardado millones de años en acumular y formar. Y esta quema comenzó a liberar dióxido de carbono a la atmósfera, un gas con un efecto invernadero muy importante, capaz de retener el calor del Sol en nuestra atmósfera y aumentar su concentración en ella.

Pero no fue hasta finales de la década de los cincuenta cuando el climatólogo Roger Revelle dio la voz de alarma sobre la relación entre la quema de combustibles fósiles y el aumento de la temperatura. ¿Podría el ser humano estar aumentando artificialmente la temperatura del planeta?

En tan solo dos siglos hemos aumentado la concentración de dióxido de carbono de la atmósfera en aproximadamente un 40 %, si bien desde los años setenta del siglo pasado hemos pisado el acelerador en cuanto a emisiones de dióxido de carbono. Aunque es evidente que no se trata del nivel más alto en la historia de la Tierra, sí es el más alto en el último millón de años, y con diferencia.

Es cierto que hay otros gases de efecto invernadero, como el vapor de agua, que pueden retener de una manera muy eficaz la temperatura e incluso el metano, muchas veces fruto de la actividad biológica (especialmente del ganado con el que fabricamos esas hamburguesas tan ricas que tanto nos gusta comer). Pero el dióxido de carbono se lleva la palma en cuanto a emisiones provocadas por la actividad humana.

Y no solo eso. Antes, nuestro planeta era capaz de guardar y almacenar en sus bosques mayores cantidades de dióxido de carbono. Sin embargo, la deforestación que se ha producido principalmente en los siglos XX y XXI ha hecho que nuestro planeta haya perdido una gran capacidad de absorber estos gases.

Los océanos, que también eran grandes sumideros de dióxido de carbono, también están llegando a su límite. Sus aguas se están acidificando por la acción de este gas que se está concentrando en ellas, lo cual provoca que especies tan importantes para el ecosistema como los corales estén muriendo a un ritmo muy rápido.

Esto, que puede parecer un escenario catastrófico, sin duda lo es. Es posible que todavía no notemos nada, pero desde principios del siglo XX hasta hoy la temperatura media de nuestro planeta ha subido un grado. ¿Que todavía tenemos que ponernos la chaqueta en invierno? Claro que sí, pero eso no excluye que el calentamiento ya haya empezado. Que haya días fríos solo es un indicativo del tiempo que hace ese día, pero el clima es una tendencia a largo plazo y estamos batiendo todos los récords de temperatura... ¡por arriba!

Para hacernos una idea de la magnitud del problema, vamos a dar algunos datos sobre el calentamiento global, para que podáis decidir si realmente es un problema que conviene tener en cuenta de cara al futuro de nuestro planeta.

En los últimos años, la Antártida está perdiendo hielo a un ritmo seis veces superior que hace cuarenta años. Para verlo en perspectiva, entre 1980 y 1990, la Antártida perdió aproximadamente cuarenta gigatoneladas de hielo por año (una gigatonelada equivale a mil millones de toneladas). Entre los años 2009 y 2017 perdió doscientas cincuenta gigatoneladas de hielo cada año, o, lo que es lo mismo, un peso equivalente a la masa de todos los seres vivos de nuestro planeta multiplicada por tres. Y esto solo en lo que respecta al hielo de la Antártida. En las regiones muy frías hay una parte del suelo que se encuentra congelada permanentemente y que llamamos permafrost. En el caso de que este comenzase a fundirse, podría liberarse una gran cantidad de metano, un gas con un efecto invernadero más importante que el del dióxido de carbono.

En las capas bajas de la atmósfera terrestre está aumentando la humedad al tiempo que estas se calientan. Este fenómeno permite que las tormentas tengan a su disposición una mayor energía para formarse, lo que contribuye a la aparición de fenómenos extremos, desde inundaciones a huracanes, pasando por olas de calor. Pero esto no es lo peor, sino que el aumento de las temperaturas puede llevar a ciertas zonas del mundo a experimentar sequías más duraderas, así como a la aparición de grandes incendios forestales debido a la sequedad ambiental.

Asimismo, debido a este aumento de las temperaturas, las especies invasoras y las plagas pueden propagarse hacia otras zonas donde antes la temperatura no les permitía hacerlo. También podría ocurrir lo mismo con enfermedades tropicales que afecten no solo a plantas, sino también a seres humanos y animales.

Por si eso no fuera suficiente, los niveles del mar van a seguir aumentando. Ahora nos encontramos en un periodo interglaciar, y es normal que los niveles suban debido al clima natural de la Tierra, pero lo que no es normal es que estén aumentando a un ritmo aproximadamente diez veces el natural. Muchísimas zonas pobladas de nuestro planeta se encuentran a una altura muy baja, algunas prácticamente al nivel del mar, como las islas de Oceanía, de modo que podrían desaparecer en las próximas décadas bajo las aguas si no cambia la tendencia. En algunos lugares podrán construirse barreras físicas que frenen el avance de las aguas, pero en otros sitios será completamente imposible.

Además, las olas también están creciendo por efecto del calentamiento global. El calentamiento de las aguas oceánicas transmite ese calor al aire, que es capaz de generar vientos más veloces que a su vez generan olas más rápidas y fuertes, lo cual causa estragos en las comunidades y en los ecosistemas costeros.

Precisamente, a finales de este siglo, la temperatura del agua oceánica podría subir casi un grado. Al estar más caliente, el agua ocupa más volumen, lo cual elevará por sí solo los niveles del agua en torno a treinta centímetros, sin tener en cuenta ningún otro factor. Esta subida de las temperaturas, junto con el aumento del agua dulce que entra al océano fruto de la fusión de los hielos de la Antártida y Groenlandia, podría parar la cinta termohalina y provocar un desastre sin precedentes en tan solo unas décadas.

¿Qué podemos hacer para detener el calentamiento global?

Pues la verdad es que hay diversas soluciones, pero ninguna supondría una mejora inmediata, ya que vamos con bastante retraso. De hecho, aunque parásemos de golpe las emisiones de gases de efecto invernadero, los efectos en la temperatura de nuestro planeta tardarían cientos de años en notarse, y lo mismo pasaría, probablemente, con la recuperación de los ecosistemas. Ahora mismo, lo más sensato sería reducir considerablemente las emisiones de estos gases, minimizando la quema de combustibles fósiles, especialmente en el transporte de personas, pero también en el transporte de carga. También serviría reforestar selvas como la del Amazonas, que sería un importante sumidero de dióxido de carbono, y recuperar muchas zonas del planeta que han perdido su cobertura boscosa por la tala de árboles.

Mientras tanto, la geología también puede aportar soluciones tecnológicas, como la captura de dióxido de carbono. Esta tecnología es capaz de capturar el dióxido de carbono de la atmósfera o de las fuentes de emisión, como las centrales térmicas de carbón, e inyectarlo en el subsuelo, en formaciones geológicas que permitan que el dióxido de carbono pueda permanecer estable durante mucho tiempo sin escapar. Este tipo de formaciones podrían ser antiguos pozos petrolíferos, cuya porosidad permite almacenar fluidos de una manera relativamente sencilla. También podría inyectarse el dióxido de carbono en acuíferos cerrados cuyas aguas no valgan para el consumo humano. O incluso quién sabe si en el futuro podremos convertir el dióxido de carbono en algún material útil.

Sin duda, el problema del calentamiento global será un quebradero de cabeza que en las próximas décadas ocupará la mente de las distintas disciplinas científicas en busca de una solución urgente que pueda evitar una gran catástrofe ecológica y humanitaria. ¿Seremos capaces de superar este reto?

CAPÍTULO 8

EL FUTURO DE LA TIERRA

Por primera vez en todo el libro no vamos a hablar de la historia de nuestro planeta ni de sucesos pasados. En esta ocasión, la geología no va a ser sinónimo de un pasado lejano, sino que vamos a intentar averiguar el futuro de la Tierra y las respuestas que puede dar la geología a los grandes desafíos del siglo XXI, como el calentamiento global, el agotamiento de los recursos naturales y los riesgos geológicos. También intentaremos responder a una de las grandes preguntas de la humanidad: ¿adónde vamos?

Precisamente la geología desempeña un papel fundamental en estas grandes cuestiones, no solo porque interviene de una manera activa (por ejemplo, generando recursos naturales o provocando terremotos), sino porque va a ser nuestra biblioteca, nuestra fuente de información. Conocer con detalle el pasado de nuestro planeta nos permite crear predicciones más detalladas y precisas sobre su futuro, lo que a su vez nos ayuda a tomar mejores decisiones, especialmente en momentos de crisis.

A lo largo de todo este recorrido por la historia de nuestro planeta hemos podido comprobar que el registro geológico es como un gigantesco libro. Puede que le falten hojas, e incluso capítulos enteros, pero podemos reconstruirlo y verlo como un espejo donde encontrar las claves que buscamos sobre nuestro futuro.

Y precisamente es este futuro el que también nos plantea grandes retos a nivel ético y social: ¿son infinitos los recursos espaciales? ¿Podemos explotarlos como hemos hecho con los de nuestro planeta, o debemos legislar para evitar la sobreexplotación y la contaminación del espacio con más fuerza de lo que hemos hecho en nuestro planeta?

¿ANTROPOCENO O NO ANTROPOCENO?

Es innegable que la aparición del ser humano, su evolución y su posterior desarrollo tecnológico han dejado una huella bien marcada en nuestro planeta. Y en la mayoría de los casos ha sido una huella poco positiva, ya que ha alterado el clima, cambiado la superficie terrestre y contaminado ríos y mares.

Pero detengámonos un momento y pensemos: ¿son estos cambios permanentes? O si, por el contrario, desapareciéramos de repente, ¿dejaríamos una huella duradera en el planeta, o simplemente volvería rápidamente a su estado anterior, borrando todo rastro de nuestra presencia en un corto periodo de tiempo?

Seguro que en los últimos años habéis oído más de una vez el término «Antropoceno», especialmente en la prensa. Hace referencia a una posible nueva división en la escala del tiempo geológico. Sin embargo, los científicos no nos ponemos muy de acuerdo en si debería crearse este nuevo periodo o época del tiempo geológico, y en caso de crearse finalmente, tampoco estamos muy de acuerdo en qué año empezaría.

El caso es que este término no es precisamente nuevo. No obstante, está experimentando un resurgimiento en los últimos años, especialmente a raíz de los numerosos estudios sobre el cambio climático de origen antrópico, que demuestran que está causado sobre todo por la quema de combustibles fósiles que solemos usar como fuente de energía. Este asunto es precisamente uno de los más urgentes que tenemos que resolver si queremos dejar un planeta habitable para las futuras generaciones. Pero no solo se trata del cambio climático. La contaminación y la escasez cada vez mayor de las reservas de agua dulce, la acidificación de los océanos y el agotamiento de los recursos naturales, entre otros, son básicamente problemas de origen antrópico, es decir, causados por el ser humano, y es fundamental que tomemos conciencia de ellos para poder aplicar soluciones antes de que sea irremediablemente tarde.

Hace casi dos décadas, el científico holandés Paul Jozef Crutzen, uno de los científicos galardonados con el Premio Nobel por sus investigaciones sobre la destrucción de la capa de ozono, ya acuñó el término «Antropoceno». Hacía referencia a que si estudiamos testigos de hielo a nivel global, observaremos cómo a finales del siglo XVIII ya se aprecia un cambio en la química atmosférica relacionado con la quema de los combustibles fósiles.

¿Qué son esos testigos de hielo y para qué sirven? Los testigos de hielo son las muestras de hielo que extraemos de los casquetes polares o incluso de glaciares. En estas zonas, el hielo se forma por la acumulación de la nieve año tras año, poco a poco. Abajo quedan las capas de hielo más antiguas y arriba, las más modernas, de una manera parecida a como lo hacen las rocas sedimentarias. Entre las capas de hielo pueden quedar distintos materiales atrapados, como por ejemplo la ceniza de las erupciones volcánicas o el polvo proveniente de los desiertos. Estas partículas son capaces de recorrer grandes distancias por la atmósfera, a lo largo de miles de kilómetros, hasta depositarse sobre el hielo en las zonas polares de nuestro planeta.

Además, en el hielo pueden quedar atrapadas burbujas de aire, las cuales son un reflejo de la composición de la atmósfera en el momento en que se formaron. Pero no solo eso, sino que el propio hielo es capaz de aportarnos detalles sobre la temperatura que había en nuestro planeta, que podemos conocer estudiando la proporción entre dos de los isótopos de oxígeno que forman las moléculas de agua.

Gracias a los testigos de hielo extraídos de la Antártida y a su estudio, en la actualidad se tiene un registro climático terrestre de los últimos ochocientos mil años. Además, se dispone de un extenso registro complementario procedente de glaciares de alta montaña de todo el planeta, así como de Groenlandia, que nos permite conocer también las particularidades del clima donde se formaron esas capas de hielo.

En cambio, los límites entre los distintos periodos del tiempo geológico corresponden a cambios bruscos en los sedimentos a nivel global, ya sean químicos, lo que indicaría un cambio ambiental, o en su composición fósil, como cuando se produce una extinción y de repente observamos la desaparición de un conjunto de organismos entre dos paquetes de roca continuos. Por ello, observar únicamente los cambios en los testigos de hielo (por ejemplo, un aumento en los niveles de dióxido de carbono en las burbujas atrapadas) no sería suficiente para establecer una nueva división en el tiempo geológico; al menos eso es lo que opinan algunos científicos.

¿Podría entonces considerarse que la extinción de algunas especies provocada por la acción del ser humano es el punto de inicio del Antropoceno? No, porque las extinciones recientes provocadas hasta el momento —afortunadamente— solo han sido a nivel local. Únicamente podría considerarse como tal la extinción de los grandes mamíferos que desaparecieron tras la última era glacial, aunque todavía se debate si se debió tan solo a un factor humano o si también les afectó el cambio climático que se estaba dando entonces de manera natural.

Algunos autores sugieren que el Antropoceno podría remontarse hasta el origen de la agricultura, hace unos cinco mil años, puesto que supuso un cambio radical en la superficie de la Tierra para poder hacerla cultivable. Se emprendieron acciones que iban desde quemar a talar bosques, pasando por secar antiguas marismas y lagunas salobres para aprovechar tierras fértiles.

Otros autores sugieren que el Antropoceno podría dar el pistoletazo de salida coincidiendo con la aparición de las primeras actividades mineras más intensas. El motivo es que no solo dejaron una huella en las rocas de las que se extraían los minerales en forma de canteras, sino que también pueden trazarse las primeras marcas de contaminación en los sedimentos de los ríos afectados por estas explotaciones. De hecho, desde hace también unos cinco mil años se sabe de los efectos de la contaminación de zonas terrestres por las actividades mineras, especialmente ligados a la explotación de recursos para la metalurgia. Si nos fijamos en los ríos, hace ya siete mil años, en pleno Neolítico, podemos encontrar ejemplos de contaminación, concretamente en Jordania, provocada por los restos de las primeras industrias metalúrgicas, cuando los pobladores intentaban fundir el cobre para fabricar herramientas. Los residuos de esta actividad contaminaron el suelo, y las lluvias los arrastraron hasta los ríos de la zona. Entonces el agua quedó contaminada por el cobre, pero también por el plomo, el arsénico e incluso el talio, que posteriormente absorberían las plantas y entraría en la cadena trófica.

La revolución industrial, como decía Crutzen, con el inicio de la quema de combustibles fósiles, también podría ser una de las fechas elegidas para el inicio del Antropoceno. Esta coincidiría con el aumento progresivo de las temperaturas y con un cambio en la química del aire detectable a nivel global.

Y hay otros autores que en los últimos años han afirmado que la división podría estar marcada por la aparición de una especie muy concreta: el pollo doméstico. Aunque llevamos domesticando al pollo unos ocho mil años, lo cierto es que el pollo doméstico moderno apareció hace unos setenta años. Bueno, y ¿qué tienen que decir los pollos en todo esto? Pues resulta que el pollo actual ha sufrido tantos cambios en el siglo XX por los numerosos cruces para conseguir los caracteres más provechosos para la alimentación humana que es prácticamente irreconocible comparado con el pollo salvaje original. Para hacernos una idea del cambio reciente, desde la década de los sesenta hasta nuestros días, algunas especies de pollos domésticos han aumentado su peso en casi cinco veces.

Y ahora es donde viene la parte en la que interviene la geología. Comemos tanto pollo que los vertederos de residuos sólidos urbanos están empezando a llenarse de huesos de esta ave a un ritmo muy rápido. Dado que en muchos vertederos se dan condiciones de falta de oxígeno, estos huesos pueden llegar a preservarse muy bien. Si a eso le sumamos que en muchos casos hay medidas de protección para evitar que escapen los residuos o sus fluidos, y que, al final de la vida útil de los vertederos, muchos acaban enterrados, estamos generando unas condiciones de conservación artificiales que podrían preservar perfectamente estos huesos durante miles de años, y quién sabe si aún más.

En estos huesos no solo se verá la evolución en la forma o el tamaño del pollo, sino que al estudiar su composición, podremos incluso detectar un cambio en su alimentación con respecto a sus parientes lejanos, relacionado con su introducción en granjas industriales. Si a eso le sumamos que estos vertederos están llenos de plásticos y otros artefactos que pueden también conservarse a lo largo de miles de años (¡quién sabe si millones de años!), estos restos podrían ser una señal para los geólogos del futuro de que algo estaba cambiando..., aunque quizá, entonces, en vez de Antropoceno deberíamos llamarlo Polloceno.

Voy a cerrar este asunto con una reflexión. Casi todos los eventos que los distintos autores consideran para poner fecha de inicio a esta posible nueva división del tiempo geológico ponen de manifiesto algo muy claro: la mayoría se refiere a cambios negativos sobre el ecosistema y sobre nuestro planeta, y estos cambios son únicamente imputables a la acción del ser humano moderno. ¿Servirá el Antropoceno para hacernos conscientes de los peligros a los que nos enfrentamos en el futuro?

RECURSOS ESPACIALES, LA NUEVA FIEBRE DEL ORO

En algún momento tendremos que marcharnos de la Tierra, ya sea a buscar recursos para mantener nuestro nivel de vida, para explorar o incluso para fundar colonias estables. Al principio, es muy probable que salgamos en breves viajes de exploración de ida y vuelta, puesto que establecer colonias en otros lugares de nuestro sistema solar —y no hablemos ya de ir más lejos— no solo es un reto tecnológico extraordinario, sino también un desafío económico, en el que probablemente la cooperación internacional sea fundamental.

Pero si lo que de verdad queremos es poder permanecer durante periodos más largos de tiempo fuera de nuestro planeta, o bien establecer colonias, tendremos que buscar medios para ser autosuficientes y abastecernos de los recursos que nos puedan aportar los cuerpos del sistema solar que visitemos. En estas misiones espaciales no resultará eficiente enviar desde la Tierra víveres como agua, oxígeno o combustible, ya que será tremendamente costoso, además de los riesgos que puede suponer la ruptura de la cadena de suministros por cualquier causa.

Incluso llevar estos recursos a la Luna, el objeto de nuestro sistema solar más cercano a nosotros, supondría también un problema. Para que nos hagamos una idea de la dimensión económica del problema, actualmente, enviar un kilo de lo que queramos al espacio oscila entre los cinco mil y veinte mil euros, y la capacidad de las naves de carga no permite mandar grandes cantidades de víveres, por lo que solo se manda lo imprescindible. De hecho, las misiones más recientes que han viajado a la Luna se han encargado de buscar hielo cerca de los polos, ya que los cráteres que se encuentran en sombra perpetua, es decir, aquellos donde nunca da el Sol, permiten que el hielo se acumule y se mantenga durante millones de años. Gracias a este recurso, las colonias lunares de larga estancia tienen más posibilidades de llegar a buen puerto, ya que las misiones de carga podrían ahorrarse el envío de agua.

Hagamos un cálculo rápido. Imaginemos que una persona necesita beber de media unos dos litros de agua al día. Si enviamos a Marte una tripulación de seis personas para estar un año en su superficie, necesitaríamos casi cuatro mil cuatrocientos litros de agua solo para beber, sin contar el aseo; si bien es cierto que en el espacio se tiende a reutilizar el agua al máximo, siempre hay que enviar unos márgenes suficientes por si hubiese algún problema con los sistemas de depuración. A esto hay que sumarle los alimentos, las medicinas, el oxígeno, etc. En Marte, al igual que en la Luna, hay hielo. Pero allí no es necesario acceder a los polos para poder extraerlo, sino que a latitudes más bajas pueden encontrarse depósitos de hielo bajo la superficie, que podrían extraerse mediante técnicas convencionales de excavación y, posteriormente, usar un sistema de calentamiento que lo funda.

Como adelantábamos al inicio de este capítulo, lo cierto es que los recursos naturales de nuestro planeta no son infinitos ni renovables. Eso puede hacer que en un futuro no muy lejano (algunos analistas sugieren que incluso a mediados de la próxima década), los precios de determinados elementos puedan empezar a incrementarse debido a su escasez o a su dificultad de extracción, ya que la tecnología actual depende mucho de ellos para fabricar desde teléfonos móviles a baterías para coches eléctricos.

Estos problemas van a requerir una solución que pase, en parte, por la explotación de los recursos espaciales, ya sea in situ para poder vivir, como en el caso de las colonias o las misiones de exploración, ya sea para traer estos recursos a nuestro planeta; en este último caso se desarrollará una nueva forma de minería que requerirá a su vez un avance tecnológico paralelo para poder extraer recursos de una manera eficiente. En este contexto podríamos definir la minería espacial como la extracción de los recursos no renovables de los distintos cuerpos del sistema solar, ya sean minerales útiles, materiales geológicos rocosos o compuestos volátiles como el hielo; con lo de «recursos no renovables» queremos decir que una vez extraídos, sus reservas no vuelven a aumentar.

Actualmente se estima que pueden existir varios cientos de miles de asteroides cercanos a nuestro planeta (se consideran cercanos cuando se encuentran como máximo a 1,3 veces la distancia de la Tierra al Sol). De todos ellos hemos descubierto apenas unos veinte mil, ya que la mayoría tiene un tamaño muy pequeño y cuesta mucho detectarlos con la tecnología actual. Sin embargo, sean más pequeños o más grandes, estos asteroides tienen un enorme potencial.

Podríamos agrupar estos asteroides en tres tipos principales: por un lado tendríamos los asteroides de tipo C o carbonáceos, de los que podríamos extraer agua, oxígeno, nitrógeno y dióxido de carbono. Serían fundamentales para los sistemas de soporte vital de las misiones, para fabricar combustible a partir del agua o incluso del dióxido de carbono, o para extraer nutrientes necesarios para hacer crecer las plantas. Algunos de estos asteroides incluso pueden contener hidrocarburos simples que podrían usarse en la fabricación de plásticos.

Por otro lado, tendríamos los asteroides de tipo S o rocosos, de los que podríamos extraer recursos útiles para fabricar gases refrigerantes (como el dióxido de azufre) para la fabricación de ácidos, e incluso aprovechar los materiales rocosos para proteger las bases espaciales o las colonias. Incluso algunos minerales podrían usarse para fabricar escudos térmicos cerámicos, muy útiles para la reentrada de las naves en las atmósferas planetarias, y que en la mayoría de los casos no son reutilizables. También pueden encontrarse metales como hierro, níquel o cobalto, pero en cantidades poco aprovechables.

Y, por último, estarían los asteroides de tipo M, o metálicos, de los que, como su propio nombre indica, podríamos extraer metales en gran cantidad. Aunque el hierro y el níquel son los principales metales presentes en estos asteroides, los metales más valiosos que podemos encontrar en estos asteroides son el oro y los minerales del grupo del platino, como son precisamente el platino, el iridio, el osmio, el renio, etc., que son fundamentales en la electrónica y en la industria química.

¿Y cómo explotaremos estos recursos en el espacio? ¿Debemos extraer en el espacio los recursos y refinarlos en la Tierra? ¿O crear complejos sistemas industriales en órbita?

Por ejemplo, en el caso de los asteroides de tipo C, que son los más sencillos de extraer, podrían sacarse parte de sus recursos volátiles capturando el asteroide en un contenedor hermético y calentando dicho asteroide hasta que empiece a emitir los volátiles (los recursos más pequeños). Los más grandes podrían empezar a fragmentarse y triturarse, y meterse en grandes hornos espaciales para aprovechar hasta la última gota de estos volátiles. Posteriormente, todo sería cuestión de almacenar en tanques cisterna estos gases y separar sus distintos componentes; estos asteroides serían, de alguna manera, como estaciones de servicio interplanetarias. Pero la cosa se complica mucho con los asteroides de tipo S y M, ya que hay que procesar su material para poder extraer lo que realmente nos interesa y desechar aquello que no tenga utilidad ni interés.

En general, es muy difícil trabajar con la mayoría de los asteroides, ya que la escasa gravedad hace imposible que, por ejemplo, podamos tener artefactos como palas, grúas y camiones de carga, salvo que vayan anclándose continuamente en el suelo. Ni hablar de cintas transportadoras como las que usamos en la Tierra, salvo que queramos que una buena parte del material acabe desperdigado por el propio movimiento de la cinta.

Pero la cosa se complica un poco más porque tampoco todos los asteroides son iguales. Están los llamados «*rubble piles*», asteroides formados principalmente por trozos de roca tan solo cohesionados por la fuerza de la gravedad. Es posible que la mayor parte de los asteroides pequeños sean de este tipo, formados al juntarse los trozos de cuerpos que han quedado destrozados tras brutales colisiones.

También están los asteroides monolíticos, es decir, formados principalmente por un único bloque, ya sea de rocas, metales o una mezcla de ambos. Es probable que en este grupo se encuentren únicamente los asteroides más grandes, ya que son capaces de resistir más impactos sin fragmentarse del todo. También puede que en algún momento sean los más rentables de todos.

Estos dos tipos de asteroides nos hacen pensar que tendremos que encontrar diferentes métodos de extracción de los recursos que nos interesen. En los de tipo «*rubble pile*», seguramente tendremos que atrapar una parte del material e ir procesándola fuera del asteroide. En el caso de los monolíticos tendremos que buscar maneras de perforar la superficie, triturar el material y transportarlo para su procesamiento, o incluso procesarlo en el mismo asteroide. En lo que respecta a los asteroides totalmente metálicos, es probable que la dificultad radique en ser capaces de encontrar maneras efectivas de cortar y extraer el material, por lo que al principio es posible que tengamos que dedicarnos a aspirar la superficie y aprove-

char los materiales que ya hayan sido triturados por las innumerables colisiones que han sufrido estos asteroides a lo largo de su existencia. El procesamiento consistirá principalmente en triturar y hacer una primera separación entre los minerales que nos interesan y los que no. Esto resulta fácil en la Tierra, porque muchas veces puede aprovecharse la gravedad para algunos tipos de separación (por ejemplo, haciendo flotar los minerales menos densos y dejando que se hundan los más densos), pero en el espacio será un poco más complicado. Así que, salvo que encontremos nuevas formas de procesar los materiales en órbita, es posible que tengamos que mandar una gran parte de ellos a la Tierra (o a la Luna o a Marte) para procesarlos en un entorno donde sea más fácil trabajar con ellos y poder sacarles el máximo rendimiento.

En toda esta historia de la minería espacial, lo que sí es cierto es que su éxito o fracaso dependerá en gran medida de la escasez de estos materiales en la Tierra, así como del aumento en los costes de producción en nuestro planeta. En el momento en que los precios suban lo suficiente y haya un cambio tecnológico que abarate aún más el acceso al espacio, probablemente suframos una nueva fiebre del oro, pero esta vez en el espacio.

EL FIN DE LA TIERRA

Estemos aquí o no para verlo, la Tierra tiene fecha de caducidad. Mucho antes de que la Tierra se acabe, o habremos evolucionado a nuevas especies (muy a nuestro pesar, nada hace pensar que seamos la cúspide de la evolución natural), o nos habremos extinguido por completo. No está mal hacer un ejercicio de futurismo e intentar averiguar qué pasará cuando nosotros ya no estemos aquí.

No tenemos muy claro cómo acabará la Tierra y la vida en ella, pero hay muchas posibilidades de que el Cosmos y nuestro planeta se confabulen para acabar con todo. Lo más probable es que la muerte de la Tierra venga ligada al proceso vital del propio sistema solar, y más concretamente al de nuestro Sol.

Como explicamos en el primer capítulo, nuestro Sol ha ido ganando luminosidad con el tiempo, al hacerse más eficientes las reacciones nucleares que lo mantienen en funcionamiento y que hasta ahora nos han permitido gozar de un clima agradable en nuestro planeta. En unos quinientos o seiscientos millones de años emitirá tanta energía que el agua de los océanos y de la superficie terrestre comenzará a evaporarse lentamente, lo cual reducirá la superficie oceánica y hará escasear el agua dulce en los continentes. Al mismo tiempo, esta pérdida de humedad provocará un aumento de la resistencia de las rocas de la corteza terrestre, poniendo freno a la tectónica de placas, con lo que también dejará de funcionar el efecto modulador del clima a gran escala que ejerce la tectónica de placas. Se detendrá el movimiento de los continentes, y con él, el de los terremotos y una parte de la actividad volcánica.

Dentro de setecientos millones de años, la Tierra será ya en su mayor parte un desierto, y muy probablemente la vida se vea restringida a lo que quede de los mares y los océanos. Quizá se encuentren todavía algunas formas de vida en los polos, donde las temperaturas podrían ser más suaves.

A los mil millones de años, la temperatura media de nuestro planeta alcanzará ya los cincuenta grados centígrados (en la actualidad está en torno a los catorce grados), lo que desencadenará un efecto invernadero similar al de Venus. Nuestro planeta estará cubierto por una espesa capa de nubes permanente, y el calor no podrá escapar. A partir de este momento, desde la superficie solo tendremos días completamente encapotados, y nunca más podremos ver directamente la luz del Sol, salvo la poca que dejen pasar las nubes. Para entonces es probable que en la superficie ya solo sobrevivan las formas de vida más simples, quizá únicamente formas de vida unicelulares.

En unos dos mil quinientos millones de años, el núcleo externo de la Tierra se habrá enfriado por completo, de modo que el campo magnético que nos protege se apagará para siempre y permitirá que el viento solar comience a erosionar nuestra atmósfera, como ha ocurrido en Marte, por ejemplo. Este fenómeno hará que la Tierra sea aún más inhóspita para la vida.

Trescientos millones de años más tarde, nuestro planeta será totalmente inhabitable, con una temperatura media que superará los ciento cincuenta grados centígrados. Y en aproximadamente quinientos millones de años más, todos los océanos se habrán evaporado por completo. El planeta azul dejará de tener agua sobre la superficie para siempre.

Dentro de cinco mil millones de años, nuestro Sol entrará en otra fase de su vida, la de gigante roja, tras agotar todo el hidrógeno que usa como combustible para mantenerse en activo, y comenzará a expandirse hacia fuera. En esta etapa de expansión, las capas más externas del Sol llegarán hasta la órbita de la Tierra, provocando que esta última pierda velocidad y comience a caer en espiral contra el Sol, aunque de una manera muy lenta. De hecho, la Tierra podría tardar en caer contra el Sol unos mil o dos mil millones de años más desde que el Sol comience a hincharse. Así acabará muy probablemente la historia de nuestro planeta, desapareciendo achicharrados contra la misma estrella que nos dio la vida.

Obviamente, esas no son las únicas maneras en las que la Tierra podría tener un mal final. Hay muchos fenómenos a escala planetaria e incluso cósmica que podrían tener una influencia brutal sobre la vida en nuestro planeta. Por ejemplo, la explosión de una supernova cercana. Una estrella más masiva que nuestro Sol que esté en una de sus últimas etapas podría generar la suficiente radiación como para eliminar la mayor parte de la vida de nuestro planeta, pero quizá la vida más protegida, la que vive en los océanos o bajo tierra, podría sobrevivir. Otros escenarios alternativos indican también que los gigantes gaseosos podrían desestabilizar las órbitas de los planetas más internos del sistema solar, y quién sabe si lanzar a nuestro planeta fuera del sistema, con lo cual nos convertiríamos en un planeta errante, quizá vagando eternamente por la galaxia, como ha sido la suerte de muchos otros planetas que fueron expulsados de sus estrellas y que hemos podido detectar en las últimas décadas.

¿PODREMOS PREDECIR LOS RIESGOS GEOLÓGICOS?

Uno de los santos griales de la geología moderna es predecir cuándo van a ocurrir distintos fenómenos geológicos, especialmente los adversos: impactos de asteroides, erupciones volcánicas, terremotos, tsunamis, etcétera.

Tras las grandes catástrofes aparecen siempre numerosos charlatanes que afirman haber predicho lo que iba a pasar, pero siempre a posteriori. ¿Es posible que en algún momento podamos predecir con exactitud qué va a ocurrir y cuándo?

A diferencia del tiempo meteorológico, en el que podemos medir con mucha precisión prácticamente todos los factores que influyen, en geología no podemos hacerlo porque casi todos los factores que los desencadenan ocurren bajo tierra, y no tenemos acceso a una gran parte de la información, a veces oculta bajo kilómetros de roca. Y fijaos que, a pesar de eso, ni la meteorología es capaz todavía de predecir con precisión el tiempo.

Aun teniendo acceso a todos los datos, la Tierra es un sistema muy complejo, y todavía no tenemos la capacidad técnica ni los conocimientos para predecir su comportamiento por completo.

Actualmente, el fenómeno que mejor podemos predecir es el de las erupciones volcánicas. Cuanto más se acerca la erupción, más evidentes comienzan a ser las señales de que algo se mueve bajo el volcán, ya que el magma que asciende por la corteza hacia el exterior provoca señales sísmicas que podemos detectar; aunque sea un temblor imperceptible por las personas, no lo es para los instrumentos. También podemos estudiar cómo aumenta la cantidad y el tipo de gases que van saliendo del edificio volcánico por los poros de las rocas y las fisuras. E incluso, si hay lagos o fuentes de agua relacionados con el volcán, podemos hacernos una idea de lo cerca que está la erupción si estudiamos su temperatura y composición.

Y más recientemente, gracias al GPS, podemos medir cómo se hinchan y se deshinchan con el tiempo los volcanes. Cuando se hinchan, quiere decir a menudo que está ascendiendo el magma y que pronto podría dar comienzo una erupción. Cuando deja de ascender el magma, el volcán se «deshincha» y vuelve a un estado parecido al anterior. Bueno, eso siempre que no haya sufrido una erupción muy violenta.

Podemos usar estos datos para predecir una erupción en las horas o en los días posteriores, pero todavía no podemos hacerlo a largo plazo (por ejemplo, para los próximos seis meses siguientes o para el año que viene). A veces asciende magma por la corteza y pensamos que puede haber una erupción, pero de repente este proceso se detiene y el volcán vuelve a la calma. En ocasiones pueden ocurrir también erupciones inesperadas, como cuando entra agua en el sistema volcánico; en ese caso, esta se convierte en vapor y provoca una explosión a causa de la presión.

En cuanto a los terremotos, todavía estamos infinitamente lejos de poder predecir cuándo van a ocurrir. Hoy día estamos buscando señales que nos indiquen que pronto va a desencadenarse un terremoto, pero aún no tenemos ninguna que sea fiable. Hemos buscado alteraciones en el campo magnético de la Tierra, hemos estudiado los gases que escapan del suelo y que pueden tener origen en zonas más profundas, e incluso hemos observado a los animales de los zoos, pero hasta el momento no hemos detectado ninguna señal precursora de un terremoto que sea inequívoca. Eso no quiere decir que no las haya, sino simplemente que las desconocemos, o que no hemos desarrollado las técnicas adecuadas para descubrirlas.

Ahora mismo hay muchos científicos analizando los terremotos que ocurren para buscar patrones basados en la actividad sísmica que nos puedan indicar que va a producirse un terremoto en el futuro, como si fuese una secuencia musical en la que cada nota es un terremoto, y al conocer la partitura, sabemos cuál va a ser la siguiente nota en sonar. Otros científicos están instalando sensores en las zonas donde hay terremotos para estudiar qué cambios ocurren antes de que se produzcan, por si esto pudiese servir en algún momento como señal de alerta. Estos cambios pueden ser físicos (como un aumento de temperatura o presión), químicos (relacionados con la composición de las aguas subterráneas), e incluso producirse en las señales eléctricas o magnéticas.

Frente a los terremotos, la única arma que tenemos actualmente es la prevención. Conocemos con bastante detalle las zonas de la Tierra que son más propensas a sufrir terremotos y cuál es la magnitud máxima de los terremotos que esperamos, lo que nos ayuda a dictar normas que permitan construir infraestructuras y edificios seguros para la población. Pero también es importante concienciar de los riesgos sísmicos, especialmente en los lugares más vulnerables, para que las personas aprendan medidas de autoprotección que, aunque no reduzcan el riesgo en su conjunto, sí ayuden a salvar vidas.

Una consecuencia de los terremotos, a veces más destructiva que estos, son los tsunamis. Es difícil olvidar las imágenes del tsunami de Indonesia de 2004, que dejó más de doscientos mil fallecidos, o el tsunami de Japón de 2011, que fue el responsable del accidente nuclear de Fukushima; ambos fueron provocados por terremotos de una gran magnitud.

También pueden ocurrir como consecuencia de erupciones volcánicas o deslizamientos sobre el mar o el océano, siempre fenómenos bruscos y rápidos que provocan grandes desplazamientos en la masa de agua. Incluso los impactos de los asteroides provocan terremotos, como explicamos en el capítulo dedicado al Mesozoico.

Los tsunamis son más predecibles. Pero, ojo, no pueden predecirse hasta que no se desencadena una de sus causas. Para ello existen redes de alerta que nos permiten anticipar la llegada de un tsunami, que son principalmente dos: por un lado, si se ha producido un terremoto, las redes sísmicas son capaces de saber dónde se ha producido el terremoto, su magnitud y si es un tipo de terremoto capaz de provocar un tsunami. No todos los terremotos son capaces de provocar tsunamis. Hoy día, junto con las redes sísmicas, también se usan redes de GPS muy precisas que nos permiten calcular el desplazamiento del suelo casi de inmediato, con lo que se puede modelar la posibilidad de que pueda ocurrir un tsunami. Simultáneamente, un sistema de boyas instaladas en los océanos en zonas vulnerables a los tsunamis (especialmente el océano Pacífico y el Índico) miden continuamente la altura de las olas y también la presión en el fondo del océano. Estos datos ayudan a cuantificar las dimensiones del tsunami, y en el caso de que sea uno no producido por un terremoto pueden ser la única manera de poder alertar de su amenaza.

Pero lo mejor es cuando todos estos datos se unen en las redes de alerta y permiten calcular con muchísima precisión el riesgo y dar la alarma que ayude a evacuar las zonas costeras más bajas de una manera inmediata. Desgraciadamente, en los países en vías de desarrollo, estos sistemas a veces no se mantienen de una manera adecuada, y la alerta nunca llega. Aun así, y a pesar de alertar rápidamente, hay que tener en cuenta que las olas del tsunami pueden viajar a velocidades superiores a los setecientos kilómetros por hora en océano abierto, por lo que su propagación es muy rápida. Así que si el fenómeno que ha producido el tsunami ha ocurrido muy cerca de la costa, cualquier segundo es crucial para evitar una catástrofe.

Otro riesgo geológico que llevamos siglos obviando es el de los impactos de asteroides. De hecho, no fue hasta prácticamente la década de los sesenta del siglo xx cuando comenzamos a ser conscientes del peligro de las colisiones con asteroides gracias a los estudios de Eugene Shoemaker, pionero de la geología planetaria y uno de los responsables de entrenar a los astronautas para las misiones Apolo.

Hasta prácticamente ese momento se creía que la mayoría de los cráteres todavía visibles en nuestro planeta estaban relacionados con fenómenos volcánicos extintos. Al estudiar los cráteres de impacto y compararlos con los formados por las pruebas atómicas, Shoemaker se dio cuenta de que en ambos casos aparecían una serie de minerales formados a altísimas presiones y temperaturas, que en ningún caso podrían haberse formado por erupciones. Por ello, llegó a la conclusión

de que muchos de los cráteres que hasta entonces se consideraban volcánicos en realidad estaban formados por la colisión de asteroides a muy alta velocidad.

Aunque, afortunadamente, estos son quizá los fenómenos más predecibles de todos, y no parece que vayamos a acabar como los dinosaurios, a veces todavía no somos capaces de detectar los cuerpos pequeños con la suficiente antelación como para dar una señal de alerta. Nos referimos a cuerpos como el que explotó en la atmósfera sobre Cheliábinsk (Rusia) en el año 2013, que provocó más de mil heridos.

El problema lo tenemos con los cuerpos de mayor tamaño. Aunque actualmente tenemos bastante bien catalogada la población de asteroides cercanos a la Tierra, y al menos en el futuro más inminente no hay riesgo de colisión con ninguno de estos, ¿qué pasaría si encontrásemos uno en rumbo de colisión? Quizá sería el único riesgo geológico que podríamos predecir con bastante antelación, si bien tendríamos serias dificultades para evitarlo. Me explico. Ahora mismo no tenemos capacidad para desviar un asteroide que vaya a chocar con nosotros. «¿Desviar?», podríais preguntar. Sí, desviar.

Parecería que lo mejor para evitar una catástrofe cósmica sería destruir un asteroide en trozos más pequeños. Pero eso no siempre es una buena idea, ya que, en vez de tener un solo impacto, podríamos provocar una lluvia de impactos, si bien más pequeños, que pudiesen causar una destrucción en una superficie mayor de nuestro planeta que si solo tuviésemos un impacto. Es cierto que si conocemos bien el asteroide, podríamos detonar cargas explosivas, y si es muy grande, nucleares, pero no compensa el riesgo de que algo pudiese salir mal, y fragmentarlo en múltiples pedruscos en vez de pulverizarlo o incluso provocar un accidente nuclear en nuestro planeta.

Actualmente pensamos que la mejor manera de evitar las colisiones es desviando los asteroides de su trayectoria. Los científicos han propuesto diversas maneras, como el uso de velas solares que se anclarían en el asteroide, y, usando solamente el empuje de la luz solar, lo desviarían ligeramente para que saliera del rumbo de colisión. Una alternativa a esta técnica sería anclar directamente motores como los que usan las naves espaciales, con lo cual se conseguiría un mayor control de la trayectoria del asteroide. Ambas técnicas también podrían funcionar combinadas.

Otros científicos sugieren desviar el asteroide calentando su superficie, ya sea con luz solar o por medio de láseres, lo que a su vez provocaría la evaporación de compuestos volátiles (e incluso en los casos más extremos, la vaporización de parte de la roca). Al escapar del asteroide, estos compuestos funcionarían a modo de propulsión.

También podría provocarse, eso sí, en cuerpos sólidos, una desviación importante de la trayectoria haciendo impactar un cuerpo a gran velocidad contra el asteroide. No una carga explosiva, sino únicamente una carga muerta. Quién sabe si incluso otro asteroide de menores dimensiones y que fuese más manejable. Esta última técnica tiene la ventaja de que ya se ha probado, aunque se testeó para estudiar la composición de las primeras capas del cometa Tempel 1 durante la misión Deep Impact. El impacto provocado por una carga de cien kilos consiguió una variación en la órbita del cometa de unos diez metros en su máximo acercamiento al Sol. No parece mucho, pero no hay que olvidar que ese no era su objetivo.

Muy probablemente, en las próximas décadas vamos a ver diferentes misiones que sean capaces de poner a prueba estos conceptos. Y todo porque tal vez algún día tengamos que desviar un asteroide, bien para evitar la colisión, bien para traerlo cerca de nosotros y extraer sus recursos.

EPÍLOGO

La historia de nuestro planeta no acaba aquí. A lo largo del libro hemos tenido la oportunidad de abrir algunas de las páginas que nos permiten contar un relato continuo, sin apenas saltos, pero todavía queda mucho por escribir.

Como hemos dicho en el transcurso de este libro, la historia de nuestro pasado es también la historia de nuestro presente y nuestro futuro. Es fundamental que sigamos avanzando en el descubrimiento de cómo ha cambiado el clima de nuestro planeta a través del registro rocoso y descubrir así cuáles son los factores internos y externos que tienen influencia en la temperatura de la Tierra para poder combatir problemas tan importantes como el calentamiento global; e incluso prevenir las grandes extinciones cuyas causas todavía no comprendemos por completo.

Y es que es precisamente a través de la geología como podremos dar respuesta, por ejemplo, a cómo y dónde almacenar gases de efecto invernadero bajo la corteza terrestre, aprovechando la porosidad de las rocas y garantizando así la seguridad de estos sitios para que ese gas nunca vuelva a la atmósfera.

La predicción de los riesgos naturales será un caballo de batalla diario para garantizar la seguridad de las poblaciones humanas, y la geología deberá seguir buscando las causas y las señales precursoras de erupciones volcánicas, terremotos y deslizamientos. Quizá llegue el día en que podamos predecir con mucho más acierto cuándo ocurrirán las erupciones y los deslizamientos, quizá incluso podamos predecir los terremotos.

Las próximas décadas serán las décadas de la búsqueda de recursos minerales más allá de las fronteras de la Tierra. Necesitamos elementos raros para seguir fabricando dispositivos electrónicos de vanguardia, pero lo cierto es que en la corteza terrestre son bastante escasos. Además, su extracción supone un alto grado de contaminación y destrucción del medio natural, así que deberemos buscar estos y otros recursos que nos hagan falta no solo aquí, sino también en otros planetas.

También quedan muchas preguntas por responder. No sabemos cuándo ni dónde apareció la vida; ni siquiera si es que nuestro planeta es especial entre los miles de millones de planetas que existen en nuestra galaxia. Desconocemos cuándo empezaron a formarse los primeros continentes y por qué no vemos pruebas de tectónica de placas en Marte o en Venus.

Espero que este libros os haya servido como punto de partida para animaros a seguir profundizando en la geología, y que la próxima vez que miréis un fósil, las dunas de arena de una playa o una cordillera, os preguntéis: ¿y cómo ha llegado todo esto hasta aquí?

BIBLIOGRAFÍA

Anderson, Ross, P. Nicholas, J. Tosca, Robert R. Gaines, Nicolás Mongiardino Koch, y Derek E. G. Briggs, «A mineralogical signature for Burgess Shale – type fossilization» 46, n.º 4 (2018), págs. 2–5.

Booth-Rea, Guillermo, César R. Ranero, e Ingo Grevemeyer, «The Alboran volcanic-arc modulated the Messinian faunal exchange and salinity crisis», *Scientific Reports* 8, n.º 1 (2018), <https://doi.org/10.1038/s41598-018-31307-7>.

Clary, Renee M., «Controversies in the history of geology and their educational importance for facilitating understanding of the nature of science», *History of Geoscience: Celebrating 50 Years of INHIGEO*, 2016, <https://doi.org/10.1144/SP442.37>.

French, H., y J. Harbor, «8.1 The Development and History of Glacial and Periglacial Geomorphology», en *Treatise on Geomorphology*, 1-18, Elsevier, 2013, <https://doi.org/10.1016/B978-0-12-374739-6.00190-1>.

Gargaud, Muriel, y William M. Irvine, *Encyclopedia of Astrobiology*, 2015, <https://doi.org/10.1007/978-3-662-44185-5>.

Gary Prost, Benjamin Prost, *The geology companion: essentials for understanding the Earth*, Gary Prost and Benjamin Prost, 2017.

Heinrich D. Holland, *Treatise on geochemistry*, 2.ª ed., vol. 1, Elsevier, 2014.

Horneck, G., y C. Baumstark-Khan (comps.), *Astrobiology: the quest for the conditions of life*, Berlín, Nueva York, Springer, 2002.

—, *Astrobiology: The Quest for the Conditions of Life*, Berlín; Nueva York, Springer, 2002.

Hsü, Kenneth J., Lucien Montadert, Daniel Bernoulli, Maria Bianca

Cita, Albert Erickson, Robert E. Garrison, Robert B. Kidd, Frederic Mèlierés, Carla Müller, y Ramil Wright, «History of the mediterranean salinity crisis», *Nature*, vol. 267, n.º 5.610 (1977), págs. 399–403, <https://doi.org/10.1038/267399a0>.

Hugget, Richard John, *Fundamentals of Geomorphology*, vol. 11, 2007, <https://doi.org/10.1177/0192623310385829>.

MacGilchrist, G., A. Naveira Garabato, T. Tsubouchi, S. Bacon, S. Torres-Valdés, y K. Azetsu-Scott, «The Arctic Ocean carbon sink», *Deep Sea Research Part I: Oceanographic Research Papers*, 86 (enero de 2014), págs. 39–55, <https://doi.org/10.1016/j.dsr.2014.01.002>.

Marshak, Stephen, *Essentials of Geology*, 2013.

Martínez-Frías, J., Ester Lázaro, Abraham Esteve-Núñez, y C. M. B. L. Beard, «Biogeochemical cycling of iron isotopes», *Science*, CrossRef PubMed, Johnson.

—, *Geomarkers versus Biomarkers: Paleoenvironmental and Astrobiological Significance*, vol. 36, 2009, <https://doi.org/10.1579/0044-7447(2007)36[425:GVBPAA]2.0.CO;2>.

Miall, Andrew D., *Stratigraphy: A modern synthesis*, 2015, <https://doi.org/10.1007/978-3-319-24304-7>.

O'Hara, Kieran D. A., *Brief History of Geology*, 1.ª ed., Cambridge University Press, 2018, <https://doi.org/10.1017/9781316809990>.

Pozo Rodríguez, Manuel, Javier González Yélamos, y Jorge Giner Robles, *Geología práctica: introducción al reconocimiento de materiales y análisis de mapas*, Madrid, Pearson-Prentice-Hall, 2011.

Prothero, Donald R., *The Story of the Earth in 25 Rocks: Tales of Important Geological Puzzles and the People Who Solved Them*, Nueva York, Columbia University Press, 2018.

Rothery, David A., *Geology: A Complete Introduction*, Londres, John Murray Learning, 2015.

Shaw, Andrew M., *Astrochemistry: From Astronomy to Astrobiology*, Chichester, England; Hoboken, John Wiley & Sons, 2006.

Shonting, David, *Chicxulub: The Impact and Tsunami*, s. f.

Thomas, Paul J. (comp.), *Comets and the Origin and Evolution of Life*,

2.ª ed., Advances in Astrobiology and Biogeophysics, Berlín; Nueva York, Springer-Verlag, 2006.

Torsvik, Trond H., y L. Robin M. Cocks, *Earth History and Palaeogeography*, Cambridge, Cambridge University Press, 2017, <https://doi.org/10.1017/9781316225523>.

Wicander, Reed, *Historical Geology: Evolution of Earth and Life through Time*, 8.ª ed., Boston, MA, Cengage Learning, 2014.